Stromern durch die Wohnungswelt

Unter freiem Himmel

Inhalt

SPEZIAL

Erfahren Sie, wie Sie ganz leicht Ihre Wohnung so richtig nach dem Herzen ihrer Katze einrichten können.

SPEZIAL

Eröffnen Sie die Freiluftsaison für Ihren Stubentiger: Fenster, Balkon, Terrasse und Garten absichern und gestalten.

Himmel und Erde und dazwischen

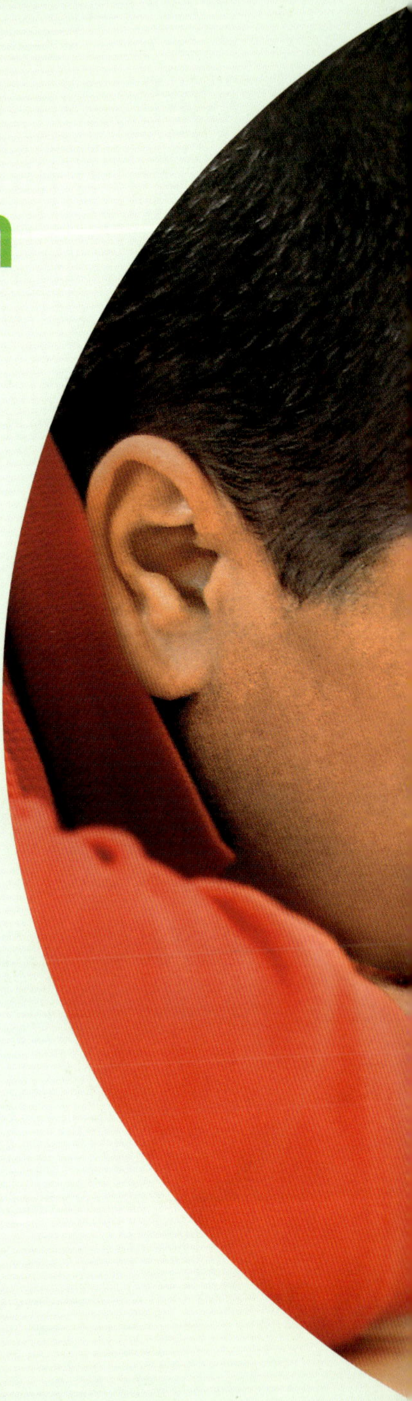

Was haben Katzen mit Leoparden gemeinsam? Sie liegen gerne auf für uns unvorstellbar unbequemen, hoch gelegenen Stellen, lassen die Beine baumeln und schlafen sogar in dieser Position.
Vergessen Sie nie, in Ihrem schwarz-weißen oder getigerten Westentaschenleoparden lebt im Innern etwas von dem großen Bruder in Afrika.
Wenn eine Katze oder vielleicht mehrere bei Ihnen wohnen, lernen Sie Ihr Wohnambiente einmal mit den Augen Ihrer Katze zu sehen und entdecken Sie ihre Geheimnisse.
Bauen Sie Ihrer Katze eine dreidimensionale Welt mit vielen Möglichkeiten, während des Tages und während Ihrer Abwesenheit zu stromern, zu dösen und Ausschau zu halten.
Eine Welt, in der Sie sich wohl fühlen, weil sie den Stempel Ihres besonderen Einrichtungsstils trägt und die Ihrer Katze gefällt, weil sie ihrer Lebensart entspricht.
Schenken Sie Ihrem Leo oder Ihrer Leonie etwas, woran Sie noch nie wirklich gedacht haben: die Höhe Ihrer Räume – Ihre Katze wird sich richtig wohl fühlen.

4 | Himmel und Erde und dazwischen

Geben Sie Ihrem Stubentiger in Ihren Räumen Beobachtungsmöglichkeiten und geheime Plätze in den oberen Bereichen. Machen Sie hoch gelegene Stellen, wie die obersten Bretter der Regale, zum Katzenland. Es gibt viele Möglichkeiten in Ihrer Wohnung, für jeden Geschmack, für jeden Einrichtungsstil, für jedes Farbschema, lassen Sie sich inspirieren, lesen Sie weiter ...

Im Beine baumeln lassen und Abhängen sind sie alle groß – auch kleine Katzen.

Katzen leben in 3D

Mit allen Sinnen

Haben Sie einmal überlegt, was Sie in Ihrer Wohnung einrichtungstechnisch ändern könnten, sodass Ihr eigenes Ambiente, in dem Sie sich wohl fühlen, nicht verloren geht, Sie gleichzeitig aber verhindern, dass Ihr Stubentiger Sachen macht, die Sie überhaupt nicht gerne sehen?

Warum tut sie das?

Auf den ersten Blick scheinen Katzen nicht sehr anspruchsvoll zu sein, was die Dinge betrifft, die sie brauchen, wenn sie vorwiegend oder ganz in der Wohnung leben. Ein Kratzbaum, Futter- und Wassernapf, eine Toilette und einen Platz zum Aufrollen und Schlafen, damit sind sie glücklich, solange Sie selbst ja da sind – denken Sie.

Doch wenn die Katze auf den Schrank oder das Bücherregal will, darf sie dies nicht, sie soll auch nicht auf dem Wäscheständer oder auf der Tür balancieren und schon gar nicht die Gardinen hochrennen und darin baumeln, am Sofa die Krallen wetzen oder die Tapete in Streifchen von der Wand zupfen, und, und, und ...

Das Gesicht der Katze funktioniert wie eine riesige Satellitenschüssel, die das kleinste Signal auffängt.

Es ärgert Sie immer wieder, Sie verstehen Ihre Katze einfach nicht – obwohl Sie ihr es doch schon so oft verboten und sie verjagt haben! Vielleicht will Ihnen Ihre Katze damit aber etwas sagen. Beobachten Sie sie einmal bei all dem, was sie Ihrer Meinung nach nicht tun soll, wenn Sie sie für ungezogen halten und meinen, Sie müssten sie mal wieder mit der Wasserpistole erziehen, erschrecken oder ausschimpfen.

Es wird Ihnen auffallen, dass sie oft auf irgendeine Weise in die Höhe gelangen will. Wo wetzt sie ihre Krallen, reicht das kleine Kratzbrett oder schärft sie sie am Teppich vor Ihnen oder am Polster, wenn Sie auf dem Sofa sitzen? Darf sie überhaupt irgendwo hoch?

Kein Bodentier

Die Vorfahren der kleinen Katzen und ihre heutigen Verwandten sind allesamt Wald- und Buschlandjäger, ihre Beutetiere klein, schnell und heimlich. Um ihr Futter zu erwischen, muss sich die Katze unsichtbar machen und geräuschlos bewegen können, scharfe Sinne haben, blitzschnell reagieren, springen und kurz und schnell verfolgen können. Dazu hat sie ihre Werkzeuge entwickelt:

- **gute Augen,** die besonders auf schnelle Bewegungen reagieren und sehr gut mit wenig Licht auskommen,
- **ein außerordentliches Gehör,** das höchste und feinste Geräusche wahrnimmt,
- **eine gute Nase,** vor allem, um Konkurrenten und Reviere zu erkennen,
- **Tasthaare am ganzen Körper,** mit denen sie Räume erspürt,
- **gepolsterte Pfoten** fürs Leisetreten, Krallen zum Zuschlagen und um schnell hoch hinaus zu gelangen,
- **einen Körperbau,** der ihr erlaubt, fast jeden Sprung und jede Bewegung in einem Bruchteil einer Sekunde auszuführen.

Körperbeherrschung und Reaktionsvermögen machen Katzen zu Meistern in Sachen Schnelligkeit und Präzision.

Keine dieser uralten Eigenschaften ist unseren Hauskatzen je ganz verloren gegangen. Wenn Sie Ihre Katze dazu verdonnern, in ihrer Wohnung auf dem Boden zu bleiben, ist dies so wie einen Käfigvogel nie fliegen zu lassen. Er wird daran nicht sterben, aber das meiste im Leben wird ihm fehlen.

SMART

- **Am Boden** patrouilliert die Katze durch ihr Revier, trifft Artgenossen, jagt, frisst, zieht ihre Jungen auf und sucht Rückzug.
- **In der Höhe** hält sie Ausschau nach Beute, überwacht ihr Revier, philosophiert, ruht oder trainiert ihre Krallen.

Einzelgänger und doch nicht

Katzen haben den Ruf, Einzelgänger zu sein. Gewiss, bis auf die Löwen jagen die meisten Katzenarten einzeln. Es heißt auch, sie würden die Gesellschaft ihresgleichen nur dann suchen, wenn sie in Paarungsstimmung sind.

Durchaus gesellschaftsfähig

Durch viele Beoachtungen hat sich in der Zwischenzeit herausgestellt, dass Katzen viel mehr soziale Kontakte pflegen, als immer angenommen wurde. Nicht nur, dass sie sich uns Menschen eindeutig zuwenden und Körperkontakt suchen, sie besitzen vor allem untereinander eine ganze Menge an Körpersprachesignalen und Pflegeritualen.

- **Das nur Zusammensitzen** im gegenseitigen Wohlfühlabstand und das scheinbar gelangweilte ‚Umherschauen' gehören dazu. Dies ist bei mehreren Katzen oft zu beobachten und bedeutet für sie ganz klar: ‚hier ist alles in Ordnung'.
- **Treffen sich die Augen** zweier Katzen, die sich kennen, blinzeln sie und vielleicht wird zusätzlich eine Putzbewegung gemacht. Dies bedeutet: ‚Ich kenne dich, hallo, alles ok.' Blinzeln Sie Ihre Katze einmal ganz bewusst an, sie wird ebenfalls blinzeln. Es ist für sie so, als wenn wir jemand im Vorübergehen begegnen, den wir kennen und anlächeln.
- **Katzen, die sich begegnen,** streifen mit der Körperseite aneinander vorbei, den Rücken etwas nach oben gebogen und den Schwanz senkrecht aufgestellt. Wenn sie sich gut kennen, begrüßen sie sich dabei zusätzlich durch Köpfchengeben und auf den Pfotenspitzen trippeln.
- **Wenn mehrere Katzen** zusammen in einer Mulde schlafen, putzen sie sich gegenseitig gerne das Gesicht, die Kehle und die Ohren, die Stellen, an die sie selbst nicht so gut hinkom-

Katzen sprechen mit ihrem ganzen Körper.

Aneinanderkuscheln bedeutet absolute Sympathie, auch von Katze zu Mensch.

men. Dazu ermuntern sie sich auch gegenseitig, geben zur Begrüßung einen kurzen Nasenkuss, lecken dann abwechselnd gegenseitig das Gesicht und den Hals des anderen.

Sie stellt die Uhr nach Ihnen

Sie kommen von der Arbeit nach Hause. Wo ist die Katze? Manche kommen gleich angerannt, andere aber werden zuerst in aller Ruhe nach Ihnen schauen. Sie werden sich zu Ihren Füßen strecken und recken, Sie dabei anschauen und erst dann, je nach Typ mehr oder weniger dezent oder überschwänglich, begrüßen. Dann beginnt für sie der Tag. Das Futter rührt sie vielleicht wie die meisten Katzen, erst nach einer ausgiebigen Schmuserunde an. Dann wird sie mit Ihnen den Abend verbringen. Ist sie jung oder sehr verspielt, mag sie vielleicht eine kleine Jagdrunde einlegen mit der Spielmaus, die Sie werfen oder sie rennt einen Baum hoch, wetzt die Krallen und wälzt sich vor Vergnügen auf höherer Ebene. Vielleicht wartet sie aber auch darauf, dass Sie sich endlich gemütlich niedersetzen, damit sie es sich auf Ihrem Schoß bequem machen kann, von Ihnen gestreichelt oder durchgekrault wird, oder sie kuschelt sich ein, schnurrt wie ein Maschinchen und tretelt rhythmisch mit beiden Vorderpfoten und halb geschlossenen Augen.
An einem freien Tag können Sie leicht festellen, wie für Ihre Katze ein an Ihren Lebensrhythmus angepasster, normaler Tag verläuft. Einige Zeit, nachdem Sie sonst das Haus verlassen, wird sich die Katze schlafenlegen. Sie können nun in aller Ruhe tun, was Sie sich für diesen Tag vorgenommen haben. Etwa eine Stunde, bevor Sie wieder nach Hause kommen würden, betritt Ihre Katze dann wieder die Bühne.

SMART

Sicher, sauber, satt – wie damals im Nest

› **Beim Treteln** und Schnurren finden Katzen Geborgenheit und Wärme, beim Streicheln und Kraulen das Wohlgefühl, als ihre Mutter sie geputzt hat. Bei uns finden sie es wieder, außerdem bringen wir Futter und spielen mit ihnen, wie die Katzenmama.

Was Philosophen brauchen

Katzen sind unvergleichlich in der Art, wie sie mit Zeit umgehen. Mancher Denker, Künstler oder Sportler hat sich von ihnen schon inspirieren lassen. So präzise, schnell und sicher eine Katze reagieren kann, wenn es sein muss – auf der Jagd, bei der Flucht, im Kampf oder im Spiel – so unendlich gelassen, versunken und träumerisch kann sie sein.

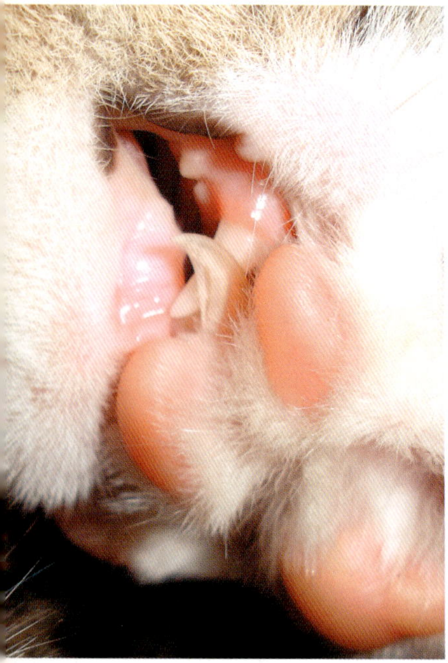

Pfotenpflege ist Kleinstarbeit, mit der sensiblen Zunge geht es am besten.

Zeiteinteilung á la Katz

Auf jeden Fall scheint es der Katze wichtig, sehr viel Zeit in die ruhigen Aktivitäten zu investieren.

- **Von den acht** oder neun Stunden eines Tages, die eine Katze normalerweise nicht schlafend oder dösend verbringt, ist sie höchstens ein bis zwei Stunden, je nach Alter, hochaktiv – beim Spiel oder der Jagd.
- **Für das Fressen** braucht sie kaum Zeit und auch auf die Toilette geht sie zwischendurch.
- **Für die ausgiebige Körperpflege** verwendet sie, auf mehrere kürzere oder längere Etappen verteilt, etwa drei bis vier Stunden. Dies mag sehr lang erscheinen, aber solch eine Katzenwäsche hat viel mit Akrobatik zu tun. Badeschwamm und Krallenzange hat die Katze ja immer dabei, trotzdem, wirklich alle Körperstellen zu erreichen, gelingt ihr nur mit einer Menge an Stretching, Massage und Speichel. All dies ist nötig, damit ihr Körper gut arbeiten kann, das Fell sauber, alle Gelenke, Sehnen und Muskeln funktionstüchtig sowie alle Sinneshaare picobello in Ordnung sind.
- **Die sprichwörtliche ‚Katzenwäsche'** hat nichts mit der wirklichen Körperpflege zu tun. Diese beschreibt eine Übersprungs- oder Beschwichtigungsgebärde, bei der sich die Katze in einer Konflikt- oder Anspannungssituation kurz übers Fell an der Brust oder Flanke leckt.
- **Flanieren, Bummeln, Ausschau halten** und die Umgebung beobachten, gehören mit zu den Dingen, die die Katze tut, wenn sie wach ist. Sie verbringt damit etwa ein bis zwei Stunden am Tag. Dabei patrouilliert sie durch ihr Revier, kontrolliert und erneuert Duftnachrichten, wetzt ihre Krallen und hält Ausschau in ihrem Gebiet.

Wache Zeit

Nun schläft die Katze nicht die ganzen 15 bis 16 Stunden am Stück. Sie ist eher abends und nachts aktiv, weil in dieser Zeit ihre Beutetiere vorwiegend oberirdisch unterwegs und die Geräusche der Umwelt leiser

Zum Träumen eignet sich auch ein Plätzchen im Regal.

sind. Tagsüber wird ihr kaum langweilig, wenn sie sich in Ihrer Wohnung auf verschiedenen Ebenen bewegen kann. Sie wird immer wieder ein Schläfchen einlegen, mal oben in einer Höhle, mal auf dem Fenstersims in der Sonne, danach ein paar Stretchingübungen machen, sie wird spazieren gehen, zum Fenster hinausschauen, sich eine Weile putzen oder eine kurze Runde spielen.

Es kommt ihrem natürlichen, nachtaktiven Rhythmus sehr entgegen, wenn Sie sich abends mit ihr beschäftigen und sie Ihre Gesellschaft genießen kann. Trotz allem sind Katzen aber auch so anpassungsfähig, dass sie die meisten ihrer Aktivitäten auch auf den Tag legen können, wenn ihr Mensch zu Hause ist und dann nachts mehr schlafen.

SMART

Plätze für gelassene Katzen

- **für aktive Zeiten:** Fenstersims, Ofenbank, Aussichtsplattformen auf dem Katzenbaum, Regal oder Schrank;
- **für Ruhezeiten:** offene und geschlossene Höhlen, Körbe, Kästen oder Nischen.

Was Jäger brauchen

Katzen jagen, wenn sie hungrig sind, aber sie spielen auch Jagen. Alles was sich vor ihnen bewegt, selbst ein Sonnenfleck an der Wand oder ein Vogel auf dem Fernsehbild reizt sie, mit der Pfote danach zu tapsen.

Urinstinkt und Fitnesstraining

Jagen und Jagen spielen hat für Katzen eine wesentlich höhere Bedeutung, als nur den Hunger zu stillen. Auch gefütterte Katzen fangen meist viel mehr Mäuse, als sie je essen könnten, vor allem, wenn sie körperlich gut drauf sind. Die immer gegenwärtige Lust der Katzen, sich bewegende Dingen zu beobachten und zu versuchen, sie zu erwischen, ist nichts anderes als ständiges Sinnes-, Muskel und Nerventraining. Die Katze muss jederzeit in der Lage sein, Beute zu machen. Dabei muss alles exakt zusammenstimmen. Dies ist nur möglich, wenn die Fertigkeiten und Fähigkeiten des Körpers immer durchgespielt und wach gehalten werden. Und damit etwas solch Lebenswichtiges auch Spaß macht, hat die Natur das Spiel und die Lust erfunden.

- **Krallenwetzen** und senkrecht an Bäumen hoch zu rennen sind wichtige ‚Übungen', um die Sehnen und Muskeln der Beine und Pfoten geschmeidig zu halten und die Krallen scharf.
- **Spielzeuge zu fangen,** festzuhalten und mit den Hinterbeinen daran zu zerren, sind Teile des Jagdverhaltens, kurz bevor die Beute tatsächlich erlegt wird. Oft werden Katzen dabei richtig wild.
Wenn es unser Arm ist, den sie gerade bearbeiten, geht dies für uns selten ohne Kratzer ab. Wenn junge Katzen so rau miteinander spielen, ist ihre Haut durch das Fell geschützt.
- **Im Spiel** probieren Kätzchen alle Abläufe auf eine völlig übersteigerte Art durch. Sie müssen dabei bis an die Grenzen gehen. Sie signalisieren diese einander gegenüber und sie halten sie auch ein. Angeborene Verhaltensweisen funktionieren dabei wie Spielregeln, die die Kätzchen vor schlimmeren Verletzungen schützen, sie gleichzeitig jedoch für den Ernstfall trainieren.

Was auf die Pfote

Spielsachen für den Boden sollen jagbar sein, entweder rund und gut zu rollen oder unregelmäßige Formen besitzen, durch die sie immer wieder auf unvorhersehbare Weise springen.

Spielsachen aus echtem Fell oder Federn finden Katzen besonders toll, denn diese haben den Geruch der Tiere, die in freier Natur ihre Beute wären.

Spielsachen, die knistern oder durch ein eigebautes Glöckchen Geräusche machen, führen viele Katzen zur Verzückung.

Beim Jagen sind Katzen wirkliche Einzelgänger.

Spiellandschaft

Denken Sie bei der Einrichtung für Ihre Katze nicht nur an die Jagd am Boden. Mieze braucht auch die dritte Dimension: steile Auf- und Abgänge, mit rauer, krallentauglicher Oberfläche. Nischen, Ritzen und enge Tunnel erschweren das Fangen und Angeln von Spielsachen. Lose oder an einem kurzen Gummiband angebrachtes Spielzeug verführt die Katze zu ein wenig Akrobatik. Bauen Sie das Gelände immer wieder ein wenig um, denn wenn die Katze gelernt hat, mit schwierigeren Spielsituationen umzugehen, werden sie schnell uninteressant.

SMART

- **Nicht nur junge,** auch erwachsene Katzen halten ihre Fähigkeiten mit Vergnügen auf Topzustand.
- **Sie sollten aber gesund** gehalten werden, nicht nicht zu dick und faul sein und dazu angeregt werden, sich zu bewegen.
- **Bieten Sie** dem Wohnungstiger extra Spielmöglichkeiten und spielen Sie selbst mit ihm, weil er zwangsläufig in einer ruhigeren Umwelt lebt.

Spielsachen

Wenn Katzen in Spiellaune sind, holen sie sich schon einmal selbst Ihre Brille, eine Socke oder ein Papierknäuel. Begabte Katzen bringen Spielsachen, damit man sie ihnen wegwirft. Manche apportieren mit solcher Ausdauer, dass es selbst dem geduldigsten Katzenmenschen zu viel werden kann. Bieten Sie auf jeden Fall verschiedene Spielsachen aus unterschiedlichen Materialien an. Es muss nicht immer teures Katzenspielzeug sein, zusammengeknülltes Papier, eine Walnuss, ein Pingpongball, ein Knoten aus einem Lederstreifen oder ein Korken sind bei Katzen genauso beliebt.

Was Revierbesitzer brauchen

In der Katzenwelt funktioniert das Miteinander unter ihresgleichen sowie zwischen Katzen und Menschen, weil Katzen eine ganz genaue Vorstellung ihrer Reviere besitzen. Dies sind sowohl reale, räumlich abgegrenzte Reviere, als auch ‚Reviere im Kopf': die ganz persönlichen Wohlfühlzonen gegenüber anderen Lebewesen.

Das räumliche Revier besteht aus einem engeren, inneren Bereich und dem größeren Aktionsraum. Innerhalb dieses Reviers lebt und bewegt sich die Katze. Es ist ihre Sicherheitszone, die ihr vertraut ist und die sie als ihre kennzeichnet. Das Revier kann sich mit dem anderer Katzen in den äußeren Zonen überschneiden und ist von der Größe her je nach Individuum anders. Auch innerhalb eines Katzenlebens verändert es sich in Größe und Ausdehnungsrichtung.

Das Revier im Kopf ist die persönliche, gefühlte Komfortzone, sie ist jedem Artgenossen oder Menschen gegenüber anders und veränderlich, abhängig von Gesundheitszustand, Stimmung und Aktivitätsphase. Die Katze zeigt die Grenzen ihrer Komfortzone damit, wieviel Kontakt sie zulässt oder sucht, sowie wo und wie intensiv sie Duftnachrichten hinterlässt. Geräusche, Blicke, Gerüche, ein hektisches oder ruhiges Umfeld spielen eine Rolle dabei, wie wohl sie sich fühlt.

Die Sprache der Revierabgrenzungen besteht aus Duftnachrichten und bei direkten Begegnungen auch aus Körpersignalen. Blinzeln, Schmusebuckel, Vorbeistreichen, Köpfchengeben und Putzen sind freundliche Zeichen. Buckel und Drohgesicht zeigen Ablehnung oder Unsicherheit. Miauen, Gurren, Schnurren sind positive, Knurren, Fauchen, Spucken, Schreien zurückweisende Stimmäußerungen.

Katzen fühlen sich wohl, wenn ihr Reviergefüge in allen Lagen stimmt.

Dufträume

Alle ihre Reviere kennzeichnet die Katze mit einem Repertoire an Duftnachrichten verschiedenster Art.

▸ **Es gibt die ‚Leuchttürme'** in etwas weiterer Entfernung von der sicheren Wohnzone. Diese werden von anderen Katzen schon von Weitem erschnuppert, stellen klare Reviergrenzen dar und sollen respektiert werden. Für solche Landmarken nutzen Katzen ihre Exkremente, die sie nicht zudecken. Die Düfte zeigen an, wer hier zu Hause ist, wann er sich wo im Revier befindet, wie es um ihn körperlich bestellt, ob er auf Partnersuche oder bei der Jungenaufzucht ist.

▸ **Ihre engere Umgebung** halten Katzen frei von Ausscheidungen oder sie vergraben diese als Schutz vor Infektionen und Parasiten.

▸ **Die Düfte der Drüsen** zwischen den Pfotenballen werden an weniger markanten, dafür aber an sehr vielen Stellen innerhalb des Reviers verteilt. Beim Gehen, Krallenwetzen und beim Zuscharren von Ausscheidungen kennzeichnen sie den inneren Revierbereich überall dort, wo die Katze regelmäßig unterwegs ist.

▸ **Mit den Gesichtsdüften** der Drüsen an den Wangen hinterlässt die Katze beim Köpfchengeben oder Reiben des Gesichts an Gegenständen Gerüche, deren Komponenten Wohlfühl- und Sicherheitssignale enthalten.

Krallenwetzen ist keine Untugend, sie ist Teil der kätzischen Weltordnung.

SMART

› **Bei Mehrkatzenhaushalten** gibt es immer wieder unsichere Tiere, die sich genötigt fühlen, in der Wohnung auf persönliche Revierstörungen aufmerksam zu machen, indem sie nicht mehr auf die Toilette gehen. Sie stellen ihre ‚Leuchttürme' näher an sich heran.

› **Manche reagieren** sehr positiv auf Mittel, die es beim Tierarzt in Form von Verdunstern für die Steckdose oder als Sprays gibt. Sie enthalten die Wohlfühlduftkomponente der Gesichtsdrüsen der Katzen.

Schaffen Sie Plätze für Duftnachrichten

Bringen Sie Kratzbretter an Ecken an, an der Seite eines Schrankes oder an einem Regal. Verwenden Sie dazu vor allem raues Material, Teppichreste aus Sisal oder Kokosfaser, ruhig auch farbig passend zur Einrichtung. Stellen Sie die Toiletten an die Reviergrenzen, also die Randbezirke Ihrer Wohnung und lassen Sie es einmal gut sein, wenn die Katze nicht alles vergräbt: Leuchtturm! Wenn sie nicht in der Streu scharrt, sondern außerhalb der Schale oder innen am Dach, verteilt sie Pfotendüfte! ●

Das Raumkonzept der Katzen verstehen

Wenn Sie sich Ihre Wohnung anschauen, denken Sie eher zweidimensional. Stehen die Möbel so, dass es für Sie günstig ist? Je höher der Schrank, desto weniger praktisch, dort oben kommen Sie ja kaum hin. Betrachtet Ihre Katze die Wohnung, sieht sie sie unter ganz anderen Kriterien.

Ihr kleines Löwenherz kann Räume erfassen, Tiefen und Höhen genau einschätzen und blitzartig reagieren. Ihre Katze kann sich in allen drei Dimensionen mit absoluter Sicherheit bewegen. Sie kann Geräusche aus allen Richtungen wahrnehmen und hört den Strom in den Leitungen. Unsere Alltagsgeräusche empfindet sie als Lärm, solange sie nicht daran gewöhnt ist. Aber sie kann auch alles um sich herum abschalten, wenn sie döst, schläft oder in sich versunken die Ferne blickt. Sie liebt kleine, sich bewegende Objekte und Höhlen und Verstecke, wo niemand sie finden kann. Würde Ihre Katze, hätte sie die Wahl zwischen Ihrer Wohnung und Buschland, wo die Bäume teils dicht, teils licht sind und es hohle, liegende Baumstämme gibt, in der Wohnung bleiben oder lieber gehen?

In welcher Sphäre ihrer Revierwelt mag sie wohl gerade unterwegs sein.

Mit den Augen der Katze

Was gibt es in Ihrer Wohnung? Einen kleinen Kratzpfosten, gerade mal 80 cm hoch; ein Toilettenkistchen, in einer dunklen Ecke im Flur oder im Bad, lästig, aber muss halt sein; und eine Kuschelhöhle, die sie nicht benutzt, schade eigentlich, sie war nicht gerade billig; Wassernapf und Futterschüssel auf dem Boden in einer Küchenecke. Welch kleine, beschränkte Welt für Ihre

Katze, verglichen mit der ihrer Vorfahren und wilden Verwandten. Die Katze geht auf den Küchentisch, Ihr Sofa, Ihren Sessel, in Ihr Bett und in den Korb mit der Wäsche zum Waschen, wetzt ihre Krallen am Polster oder wird unsauber. Ihre Katze gibt Ihnen damit eine Menge Informationen in ihrer eigenen Art der Kommunikation: sie zeigt Ihnen ihre Reviergrenzen und die Qualität dieser Grenzen (siehe auch Seite 36). Sie gibt Ihnen Auskunft, ob sie sich sozial höher oder tiefer angesiedelt fühlt, Ihnen, anderen Katzen oder Haustieren gegenüber. Sie zeigt, ob sie gesundheitliche Probleme hat oder mentale, wenn sie sich in ihrer eigenen, strikten Ansicht ihres Raumkonzeptes gestört fühlt.

'Komm mir nicht zu nah, *Großer, du unterschreitest soeben meine Individualdistanz.'*

Kätzisch verstehen

Keinesfalls will eine Katze ‚protestieren'. Katzen besitzen diese menschliche Art der Wertung nicht. Sie machen auf ihre eigene Weise auf etwas aufmerksam. Meistens sehen wir Katzen zu sehr mit menschlichen Augen und missverstehen sie deshalb oft. Es ist eine Sache der Beobachtung und des Gefühls, die verschiedenen, ineinandergreifenden Reviere der Katze zuerst einmal überhaupt zu erkennen und sie zu respektieren. Dann können Sie entsprechend darauf reagieren, wenn Ihre Katze Zeichen gibt, dass sie z. B. unglücklich ist. Und Sie werden Verhaltensweisen Ihrer Katze verstehen, die Sie bisher für Ungezogenheit oder Protest gehalten haben.

SMART

Für ein richtig gutes Reviergefühl

- **braucht Ihre Katze** in der Wohnung hoch gelegene Möglichkeiten zu stromern und die Übersicht zu behalten,
- **mehrere, gerade** und schräg angebrachte Auf- und Abgänge,
- **kuschelig warme** Verstecke und Sonnenplätze in erhöhter Position.

Kleine Pflichten für Katzenmenschen

Katzen bei uns zu Hause leben in einer kleinformatigen Welt. Deshalb müssen wir sie versorgen, umsorgen und uns mit ihnen abgeben. Und genauso wie wir auch, hinterlassen sie Spuren.

Für ein gutes Sicherheits- und Wohlgefühl halten Katzen sich und ihre Umgebung sauber. In der freien Natur helfen andere Organismen wie Bakterien und Pilze dabei, Futterreste, Ausscheidungen und Haare wieder in den natürlichen Kreislauf zu überführen. Bei Drinnenkatzen müssen wir dies selbst übernehmen, damit das gemeinsame Heim ordentlich bleibt.

Alle haarigen Hinterlassenschaften auf Boden, Kissen und Kletterplätzen sowie Streukrümel um die Toiletten herum, sollten regelmäßig mit dem Staubsauger entfernt, Kuschelhöhlen und Textilien gewaschen, die Toiletten frisch gemacht werden.

Streicheln, Kuscheln und Bürsten sollten für Sie und Ihre Katze die angenehmsten der kleinen, immer wiederkehrenden Jobs sein.

Körperpflege ist gleich Kuscheln.

Futtermeister

Lassen Sie Ihre Katze nie im Stich, wenns ums Füttern geht. Sie verlässt sich auf Sie, denn Sie spielen aus katzenkindlicher Sicht die Rolle ihrer Mutter: Wenn Fütterungzeit ist, wird Ihre Katze rufen, ungeduldig auf aufgerichteten Pfötchen um Sie herum tapsen und schnurren. Mutterkatzen gurrren und lecken ihre Jungen über den Kopf, wenn diese futtern. Viele Katzen mögen dies auch von Ihnen.

Kuschelfreund

Neben Einkaufen, Füttern, Saubermachen und Müll wegbringen sind Körperkontakt und Spiel die Dinge, um die das Seelenleben Ihrer Mieze kreist. Mit Spiel ersetzen Sie ihr das Jagen und halten sie fit und fröhlich. Mit ihr reden, kuscheln und immer wieder spielen, dies sollte den größten Teil der aktiven Zeiten Ihrer Katze ausmachen. Eigentlich brauchen Sie nur auf sie einzugehen, denn sicher kann auch Ihre Katze Ihnen ganz gut mitteilen, was sie gerne möchte. Selbst wenn Sie gerade anders beschäftigt sind, können Sie mit ihr sprechen und per Blickkontakt Verbindung halten.

Raumpflege

In Sachen Katzenkistchen sind Sie in puncto Regelmäßigkeit und Gründlichkeit am meisten gefordert. Sorgen Sie immer für genügend der von der Katze bevorzugten Streu. Nehmen Sie verbrauchte Streu täglich heraus und füllen Sie entsprechend nach. Alle zwei Wochen sollten Sie die verschiedenen Kistchen ganz leer machen, mit einem milden Reinigungsmittel auswaschen und wieder neu befüllen.

Stromern durch die Wohnungswelt

Augenhöhe

Sie lieben an Ihrer Katze, dass sie eine starke Persönlichkeit ist. Sicherlich hat sie schon früh und mit großer Selbstverständlichkeit den Rang neben Ihnen eingenommen. Sie wird Ihnen auch gern auf gleicher Höhe begegnen, Köpfchengeben und in die Augen sehen.

Gerade für Drinnenkatzen ist es wichtig, dass sie sich bewegen können, wie es ihrer Natur entspricht. Wenn Ihre Katze nur einen einzigen, richtig hohen Kratzbaum hat, ist das schon gut, aber nicht genug. Alles unter eineinhalb Meter ist kein Kratzbaum, sondern eine senkrechte Krallenwetzstation. Ideal sind Bäume bis zur Decke, mit Verzweigungen und Kuhlen oder Höhlen, mit glatten und rauen, waagerechten oder schrägen Kletteraufgängen. Wie und wo Sie Ihrer Katze solche Gelegenheiten bauen, liegt an der Einrichtung Ihrer Wohnung und Ihrem Geschmack.

Ohne großen Kratzbaum geht gar nichts

Es gibt verschiedene Möglichkeiten, der Katze eine Baumlandschaft zur Verfügung zu stellen.

- **Kaufen:** Es gibt sehr schöne Bäume in vielen verschiedenen Farben und Designs, als Bauelemente kombinierbar für jede Raumsituation.
- **Sie können wählen** oder nach Ihrem Geldbeutel entscheiden, ob es ein Grundgerüst aus massivem Holz oder Pressspan mit Teppich aus Sisal, Jute oder Kunststoff bezogen sein soll, bestückt mit Höhlen, Hängematten, Röhren oder Platten.
- **Die Farbe** des Baumes und der Kratzseile können Sie so aussuchen, dass sie genau zu Ihren Sitzmöbeln oder dem Teppich passen.
- **Selber machen** aus Baumstämmen: Wenn Sie eher rustikal eingerichtet sind, Holz oder das Natürliche lieben, gibt ein gewachsener Stamm eines Obstbaums mit einigen Astgabeln, Zwischenetagen und einer Korbhöhle Ihrem Raum den perfekten Look.
- **Kirschbaum, Birke oder Birne:** Sie können jeden Stamm verwenden, der nicht unter armdick ist und nicht über 20 bis 30 cm Durchmesser haben sollte.

In der richtigen Höhe gibt es den den besseren Rundumblick.

Zu dünn, hat er zu wenig Stabilität, zu dick, haben Sie es im wahrsten Sinne des Wortes schwer mit der Aufstellung.

▸ Der Stamm sollte nach dem Fällen einige Zeit geruht haben und trocken sein, bevor Sie ihn aufstellen und gestalten. Die Rinde sollten Sie soweit wie möglich am Stamm lassen, denn es gibt nichts Besseres für die Krallen Ihrer Katze.

▸ Bürsten Sie den ganzen, trockenen Stamm mit einer Drahtbürste gut ab, bevor Sie ihn aufstellen. Wahrscheinlich wird Ihre Katze Ihnen dabei helfen, wenn Sie Ihn herrichten.

▸ Planen Sie auf verschiedenen Höhen größere und kleinere Sitzbretter ein, ganz oben mindestens eine Höhle aus Holz oder Korb. Die Bretter können Sie vorher schon zurechtsägen und die Höhle zusammenbauen oder bereitstellen. Installiert werden diese Teile aber erst, wenn der Baum fest steht.

▸ Hat der Stamm von Anfang an keine Rinde, sollten sie verschiedene Bereiche mit Seil umwickeln.

Die Körpersprache der beiden sagt alles!

SMART

Das A und O

› **Das Allerwichtigste** für eine Wohnungskatze ist ein hoher Baum.

› **Er muss mit** mindestens je einer Kratz-, Kletter- Aussichts- und Ruhemöglichkeit ausgestattet sein.

Gut festmachen

Am Boden stellen Sie den Stamm entweder auf eine Grundplatte, die groß genug, mindestens, je nach Stammdicke, 50 bis 70 cm Durchmesser, sein sollte und schrauben ihn mit Metallwinkeln fest. Oder Sie verwenden einen Kübel aus Steingut, Holz oder Kunstoff (hier eignen sich Blumenkübel aus dem Baumarkt, die es zum Beispiel mit mediterranen Mustern und in verschiedenen Farben gibt) und fixieren den Stamm mit Zement oder Mörtel. Oben sollten Sie den Stamm ebenfalls an der Decke, Wand oder an einem Möbelstück befestigen, denn wenn die Katze mit Schwung daran hochrennt, bei einem Energieausbruch oder beim Fliehen, dann darf er nicht umkippen.

Die Welt von oben – vorher, nachher

Katzenwege lassen sich fast überall ganz einfach selbst machen. Wenn Sie nichts anschrauben dürfen, behelfen Sie sich mit Kratzbäumen zum Verspannen als Gerüst für die oberen Landschaften. Beobachten Sie dabei zuerst, wo Ihre Katze am liebsten hoch möchte.

Wenn Sie wenig Platz haben und keinen richtig ausladenden Katzenbaum aufstellen können, schenken Sie Ihrem Zimmertiger trotzdem die oberen Bereiche Ihrer Wohnräume. Kletterwege lassen sich auch ohne viel Aufwand mit den existierenden Möbeln oder über Durchgänge gestalten. Schmale Regalbretter können fast überall angebracht werden. Machen Sie Ihre hohen Wohnmöbel, offene Balken oder die Oberseite des Kleiderschrankes zu Katzengebiet. Dort ist es wärmer und bietet Katzen ein sicheres Gefühl. Tackern oder kleben Sie an die weniger sichtbare Seite des Schrankes einen Streifen Teppichboden beispielsweise aus Sisal. Damit die Katze gut hinauf- und herunterkommt, bringen Sie auf halber Höhe an der Wand ein Regalbrett als Zwischentritt an. Stellen Sie oben Kuschelhöhlen auf.

1 ◂ Vorher – Eine Renovierung, bei der eine Wand zwischen zwei Zimmern entfernt wird, kann dazu genutzt werden, vorhandene Balken freizulegen oder neue als Raumteiler einzufügen. Erste Amtshandlung der Katzen in diesem Fall: Balken erklimmen und die ganze Sache von oben betrachten. Solche Balken können für Katzen zu einer Hochlandschaft umgestaltet werden, wenn Sie sich gut vorstellen können, dass auch Ihnen das neue, erweiterte Ambiente gefällt.

2

▸ Der Querträger über dem ehemaligen Türdurchgang entwickelte sich in diesem Fall zum absoluten Lieblingsplatz der Katzen. Besonders die in der Mitte festgeschraubte, flache Holzschale ist immer besetzt. Aus weiteren, in der Höhe angeschraubten Korbhöhlen, einem quer verlaufenden, interessant gewachsenen Holunderstamm, einem senkrecht angebrachten, mit Seil umwickelten Kirschbaumstamm und einigen Plattformen aus unbehandeltem Holz kann eine vielseitige Katzenlandschaft entstehen.

3

▴ Nachher – Viele verschiedene, neue Wege für die Katzen. Der vor allem im Winter beliebte Kachelofen ist von beiden Seiten zu erreichen. Es gibt einen Durchschlupf in Form einer Korbröhre auf der einen und ein Abgang über kleine Zwischenbretter auf der anderen Seite. Über den quer verlaufenden Stamm erreichen die Katzen das Bücherregal im anderen Zimmer, auf dem ein offener Korb und eine Kuscheletage eingerichtet wurden.

Live Fernsehen

Von allen Dingen, die eine Katze draußen beobachten, hören, schnuppern und jagen kann, bleibt für eine Wohnungskatze verhältnismäßig wenig übrig. Gut, Sie sind da, Sie spielen mit Ihrer Katze, aber es gibt auch Zeiten, in denen Sie außer Haus sind. Nicht immer möchte Ihre Katze gerade dann schlafen, vielleicht möchte sie die Welt beobachten. Deshalb sollten Sie Ihrem Zimmertiger diese Möglichkeit in Form verschiedener Aussichtplätze bieten.

Blicke in die Draußenwelt

Ein Bild, das Sie vielleicht aus Ihrem Urlaub in anderen Ländern kennen: Katzen sitzen immer in den Fenstern. Bewegungen sind für Katzenaugen leichter wahrzunehmen als fest stehende Bilder und sie faszinieren unsere Miezen so, dass sie einfach gerne Ausschau halten.
Ist es in Ihrer Wohnung möglich, richten Sie gleich mehrere Fensterplätze für Ihre Katze ein. Zur Straße, wo sich fast immer irgendetwas bewegt, zum Garten mit Katzen von Nachbarn, die auf ihren Routinegängen unterwegs sind, vielleicht einen Fensterplatz mit Blick auf einen Teich, zu einem Baum mit Vögeln oder auf ein Futterhäuschen, mindestens aber einen Platz mit Fernblick und einen mit Nahblick. So hat die Katze eine Auswahl an Perspektiven und sie kann sich aussuchen, wohin sie schauen will. Außerdem hat sie dann auch die Möglichkeit, sich in die Sonne oder wenn sie möchte, an einem heißen Tag an ein kühleres Fleckchen zu legen.

Dieser Fensterplatz ist einfach Welt!

SMART

Fernsehkatzen

› **Völlig hingerissen** sind manche Katzen bei Fisch- oder Vogelaufnahmen im Fernsehen.
Sie tapsen nach den Tieren, verfolgen sie mit den Augen und suchen sogar hinter dem Bildschirm weiter, wenn sie sich aus dem Bild bewegt haben.

Der Fisch im Aquarium fesselt alle Sinne der Katze.

Wenn Sie ein Fenster mit einem Katzennetz sicher machen oder sogar einen Hängebalkon anbringen können, kann Ihre Mieze im Sommer das volle Programm für die Sinne genießen. Mit der frischen Luft kommen auch Düfte und Geräusche von Draußen.

Auch drinnen kann sich was bewegen

Eines der schönsten Dinge für Katzen ist ein Aquarium. Es eignet sich wunderbar zum Draufliegen, weil es so schön warm ist. Deshalb sollten Sie es von vornherein gut und sicher abdecken. So kann sich die Katze außerdem nicht an den Fischen vergreifen. Aber Hineinschauen und die Fische mit den Augen verfolgen, finden Katzen unerhört spannend. Glücklich die Mieze, die in einem Aquarianerhaushalt wohnt.

Kleintiere oder Vögel im Haushalt sollten Sie auf jeden Fall absolut sicher vor den Katzen unterbringen. Für die Katzen werden solche Tiere immer eine Versuchung sein und Wert, sie zu beobachten. Kleinsäuger sollten genügend Versteckmöglichkeiten in ihrem einbruchsicheren Gehege haben, um ihrem Instinkt gemäß verschwinden zu können, wenn sich das Gesicht des Jägers zu nahe zeigt.

Und auch sicher untergebrachte Vögel, die eine Katze im Haushalt gewohnt sind, werden nicht andauernd in voller Panik leben. Selbst unsere Singvögel draußen halten sich oft erstaunlich ruhig und nahe bei frei laufenden Katzen im Gezweig auf, wenn sie nicht sogar gelegentlich einen kleinen Angriff in Richtung Katze fliegen.

Höhlen, Tunnel und geheime Plätze

Auf den Spazier- und Fluchtwegen überall in der Wohnung sollte Mieze die Möglichkeit haben, sich in Höhlen zurückzuziehen, ob zum Verstecken oder um ihre Ruhe zu haben. Die verschiedensten Höhlenformen, Materialien und Dessins finden sich im Angebot des Heimtierzubehörhandels, im Internet, in Katalogen, die Einrichtungsgegenstände anbieten und in Möbelhäusern. Somit ist Kaufen nur davon abhängig, das Passende zur Einrichtung und zum Geldbeutel zu finden. Selbermachen geht natürlich auch. Mit etwas Phantasie und einem Blick für kugelige Formen lassen sich in Baumärkten, Korbwarenabteilungen oder auf Flohmärkten hohle Gegenstände finden, die innen mit einem Kissen versehen, gut dazu geeignet sind, auf und in Regalen, an freien Balken oder an der Wand so untergebracht zu werden, dass die Katze darin Unterschlupf finden kann.

Vorhandene Gegebenheiten nutzen

Frei stehende, senkrechte und querliegende Balken, auch feste Abtrennungen oder Raumteiler in der Wohnung können Sie dazu nutzen, einen oder mehrere Durchschlupfe in der Höhe zu installieren. Dazu eignen sich Röhren aus stabiler Pappe, Holz oder auch Korb. An den Balken lässt sich an der einen oder anderen Stelle ein Stück Sisalteppich befestigen, an dem die Katze hinaufklettern kann oder Sie umwickeln eine Strecke mit dickem Seil. Dazu können sie auch Kunststoffseile verwenden, die Sie in allerlei Farben im Baumarkt bekommen, sodass Sie sie passend zu Ihrer Einrichtung wählen können.

Regalgebirge

Haben Sie Regale für Bücher, CDs oder auch elektronische Geräte, so bauen Sie sie stufig auf, sodass eine für die Katze begehbare Berg- und Talanordnung entsteht. Die äußeren Stufenbretter sollten Sie nur für die Katze vorsehen und ganz oben Katzensachen wie flache Kuschelmulden, schöne Kissen, eine farbige Kiste mit Einschlupföffnung, vielleicht

Katzen sind Höhlenflüchter

Mehrere Höhlen bieten Ihrem Stubentiger Sicherheit an den verschiedenen Stellen Ihrer Katzenwohnung.

Stellen Sie Höhlen in allen Höhen zur Verfügung.

Wechseln Sie gelegentlich die Innenausstattung, vor allem, wenn die Katze lange kein Interesse mehr an der Höhle gezeigt hat.

Eine geliebte Höhle in der Höhe: der Korblampenschirm vom Flohmarkt mit einem Stück Schaffell darin.

selbst bemalt, hinstellen. Zwischenstufen bieten Sie als Auf- und Abgänge an. Dort sollten deshalb keine Dekorationsgegenstände aufgestellt werden. Ganz oben auf den Regalen werden Sie meistens sowieso nichts an Dingen unterbringen, die Sie öfter in die Hand nehmen wollen. Ganz oben ist es wärmer, die Katze wird sich dort vor allem im Winter gerne aufhalten, wenn sie in den unteren Bereichen keinen gemütlichen Platz findet.

Eine ist keine

Denken Sie daran, dass eine Wildkatze, obwohl in ihrem Revier unterwegs, fast kaum zu sehen ist, weil sie sich immer geschickt in Deckung hält. Stellen Sie sich Ihre Wohnung als das Buschlandrevier Ihrer Katze vor. Sie werden verstehen, dass eine einzige Kuschelhöhle bei Weitem nicht ausreicht, um ihr eine Sicherheits- und Wohlfühlatmosphäre zu bieten. Am besten ist es, wenn sie in Ihrer gesamten Wohnung, strategisch verteilt, in verschiedenen Höhen Plätze finden kann, die Nischen- oder Höhlencharakter besitzen. Sie sollten Ihre Phantasie schon ein wenig spielen lassen, denn nicht alle Höhlen wird Ihre Katze zugleich benutzen, sie wird aus sicherheitstaktischen Gründen wechseln. Es soll schließlich für ‚Feinde' nicht verlässlich nachvollziehbar sein, wo sie sich zu welcher Zeit aufhält. Manche leer stehende Höhle wird nach einiger Zeit für die Katze wieder attraktiv, wenn Sie sie innen neu ausstatten. Dies ist aus hygienischen Gründen in regelmäßigen Abständen sowieso sinnvoll.

SMART

Zu Höhlen umfunktionieren

- **können Sie** kugelige Korblampenschirme,
- **große, viereckige Blumenübertöpfe** aus Stroh- oder Korbgeflecht,
- **quadratische Boxen** aus dem Möbelmarkt
- **oder Einkaufskörbe** verschiedener Form. Statten Sie sie innen mit Decken oder Kissen aus.

Immer wieder etwas Neues

Durch ihre Routinespaziergänge, immer auf etwa gleichen Wegen zu gleichen Zeiten, wird Mieze Ihre Wohnung bald in- und auswendig kennen.

Futter für die Sinne

Draußen verändert sich die Welt der Katze, Pflanzen wachsen nach Jahreszeit, die kätzische Nachbarschaft bietet Abwechslung und jagen muss sie außerdem. Ihre Wohnung aber bleibt immer gleich. Dabei gehören Katzen zu den neugierigsten Wesen überhaupt. Sie stellen Ihre Einkaufstasche ab, wer ist drin? Sie machen eine Schublade auf oder den Schrank, wer geht hinein? Wer packt Kisten mit aus und wer steht auf dem Bügelbrett im Weg? Ihre Katze! Tun Sie etwas, damit es ihr nicht langweilig wird, sie nur noch schläft oder wie ein Tiger im Käfig Achten läuft.

Etwas für wahre Liebhaber, mit Wasser spielen!

- **Die kleinen Veränderungen** machen es. Oder auch größere: stellen Sie zum Beispiel gelegentlich einmal die Möbel in einem Zimmer um. Nicht nur die Katze hat dann etwas zu entdecken, auch Ihre Wohnung zeigt sich von einer ganz neuen Seite.
- **Lassen Sie** in unregelmäßigen Abständen etwas zum Hinein- oder Drunterschlüpfen auf dem Boden stehen, einen umgedrehten Korb, eine große Papiertüte aus dem Supermarkt. Wenn Sie noch raschelndes Blumenpapier dazupacken, steigert dies das Interesse der Katze um ein Vielfaches. Schließlich haben Sie ihr mit dem Papier ein Düftebukett mitgebracht.
- **Basteln Sie** gelegentlich neues Spielzeug: Zusammengeknülltes Papier ist die einfachste Version, eine Rolle zum Hineinschlüpfen aus einem Streifen übrig gebliebenen Teppichbodens eine andere. Sehr beliebt sind Spielsachen aus echtem Kaninchen- oder Schaffell. Aber seien Sie nicht enttäuscht, denn ob gekauft oder selbst gemacht, Ihre Katze wird nie sehr lange

Offene Taschen sind magisch für Katzen.

mit neuem Spielzeug beschäftigt sein. Sie wird es irgendwann unter den Schrank schießen und bei einer Aufräumaktion finden Sie dann die komplette Sammlung wieder. Es ist unter Katzen üblich, nur ausgewählte Stücke wieder zu benutzen.

Zur Abwechslung was Echtes

Mehr Katzen als angenommen, zeigen Interesse für fließendes Wasser. Manchmal trinken sie dort. Solchen Stubentigern kann man mit einem tröpfelnden Wasserhahn erstaunlich lange Zeit Beschäftigung bieten. Manche wollen richtig patschen, anderen reicht die Pfütze in der Wanne nach dem Duschen zum Spielen. Ein Pingpongball in der Badewanne hat manche Katze schon zu einem begeisterten Squashspiel verführt. Probieren Sie es einmal aus.

Ein großer Topf Katzengras, eine Grünlilie oder eine Katzenminzepflanze in der Wohnung zieht die meisten Katzen an. Zugegeben, dies könnte zuerst eine kleine Sauerei verursachen, aber Hauptsache, der Zimmertiger hat Spaß. Ausladende Pflanzen müssen Sie der Katze wegen nicht aus den Räumen verbannen. Eher schon sollten Sie solche großen Pflanzen festbinden, falls Mieze darin herumklettern will. Es sollte sich außerdem um ungiftige Pflanzen handeln und Sie sollten sie nicht mit Pflanzenschutzmitteln behandeln. Damit die Katze den Boden im Blumenkübel nicht umgräbt, belegen Sie ihn mit großen, dekorativen Kieselsteinen.

SMART

Bäumchen wechsle dich

- **Verändern Sie** immer wieder einmal
- **die Aussichtsplätze** auf den Fenstersimsen,
- **den Platz der Schlafhängematte:** statt am Heizkörper ans Regal,
- **die Position** einer Höhle am Kletterbaum.

Katzenmöbel selber machen

Stellen Sie sich vor, Sie leben in einer Wohnung mit Ihren Lieblingsmöbeln, Farben, Mustern und Dekorationsgegenständen nach Ihrem Geschmack. Und mit Ihnen leben eine oder mehrere Katzen. Aber man sieht es nicht. Zuerst nicht. Weil die Katzenmöbel Ihrer Zimmertiger auch zu Ihrem Stil passen.

Gestalten Sie mit ein wenig Phantasie Ihre Wohnung für sich und Ihre Samtpfote schön. Wenn Sie selbst nicht der größte Heimwerker sind oder wenig Ideen haben, finden Sie sicher jemand im Bekanntenkreis, der Ihnen helfen kann.
Wohntürme für Katzen sind aus Pflanzenrankgittern vom Bau- oder Gartenmarkt und wenigen Utensilien leicht zu machen. Besorgen Sie ein Rankgestell aus Metall oder unbehandeltem Holz. Es gibt sie rund oder viereckig, schlicht oder verschnörkelt. Es sollte mindestens drei Etagen haben, stabil und standfest, sowie etwa eindreiviertel Meter hoch, eher höher, sein. Bauen Sie das Ganze nach Anleitung zusammen. Anschließend können Sie auf den einzelnen Etagen zugeschnittene Bretter, Körbe, flache Holzschalen oder Tabletts in der richtigen Größe befestigen. Dies ist ein wenig aufwändiger, aber darauf lassen sich Kuschelmulden oder -höhlen aus dem Heimtierbedarf unterbringen. Einfacher und preisgünstiger geht es nach der folgenden ‚Hängemattenmethode'. Sie brauchen nur eine nicht zu kleine, flauschige Vliesdecke, die es überall preisgünstig gibt, drei flache Kissen und eine Schere.

1 ◂ Bunt und fröhlich Schneiden Sie aus der Vliesdecke drei Kreise, etwa doppelt so groß wie der Durchmesser der Etagen des Gestells. Dann schneiden Sie rundherum ungefähr 1 bis 2 cm breite Fransen, sodass die unberührte Fläche in der Mitte etwa dem Duchmesser der Etage entspricht. Dieses Material reißt nicht aus. Nun binden Sie jeweils zwei Fransen an den vier Eckpfosten und je zwei auf halbem Weg dazwischen fest. Es ist wichtig, dass der Stoff an mindestens acht Stellen festgemacht wird.

2

▲ **Befestigen Sie** diese Hängematten genauso an den beiden anderen Etagenringen. Dann legen Sie auf jede der Etagen Kissen oder zusammengefaltete Decken. Diese können Sie ebenfalls befestigen, damit sie, wenn die Katze oft hinauf- oder hinunterspringt, nicht gleich auf dem Boden landen. Ziehen Sie Schleifen immer gut fest und achten Sie darauf, dass keine zu langen Enden der Bänder lose herumhängen. Wenn Katzen damit spielen, können sie sich sonst darin verheddern und sich eventuell die Pfote oder den Hals abschnüren. Legen Sie auf jede der Hängemattenetagen bunte, kuschelige Kissen. Die Katze wird sich darauf aufrollen. Es gibt solche Kissen in Möbelmärkten. Sie können auch passende Stuhlkissen verwenden.

3

▲ **In der obersten Etage** können Sie aus den Reststücken der Vliesdecke an einer oder zwei Seiten Segel anbinden. Dann hat die Katze oben einen geschützten Platz. Lassen Sie ihr aber auf jeden Fall den Ausguck frei. Auch auf einer der beiden anderen Etagen können Sie eine Seite so bespannen. Wickeln Sie ein langes Reststück der Vliesdecke um einen der Pfeiler und binden Sie es an den Etagen fest. Damit besitzt der Turm eine integrierte Aufstiegshilfe und die Katze kann dort auch ihre Krallen trainieren. Stellen Sie den Turm am besten an eine Terrassen- oder Balkontür, verschrauben Sie ihn für die Standfestigkeit auf einer größeren Bodenplatte aus Holz oder verankern Sie ihn an der Wand.

Wunderbar verwandelbar

Blumen, Streifen, Karos, Jeans, Farben, seidige oder flauschige Oberflächen, alles ist erlaubt bei der Gestaltung Ihres Katzenturmes. Textilien aus Mikrofaser sind pflegeleicht und können oft gewaschen werden. Zwei oder mehrere Ausstattungen sind also kein Fehler.
Wenn Sie den Wohnturm woanders hinstellen möchten, in eine andere Wohnung ziehen oder Ihre Einrichtung umgestalten, können Sie auch die Stoffe entsprechend passend umdekorieren. Katzen haben in dieser Hinsicht nur einen Wunsch: oben sein, sich sicher fühlen und einkuscheln können.
Noch etwas zum Thema Sicher fühlen: Entspannte Katzen sind immer neugierig und werden den neuen Wohnturm über kurz oder lang inspizieren und benutzen. Sollten Sie Ihrer Katze aber zuvor ‚erzieherisch' klar gemacht haben, dass es ‚Oben' für sie nicht mehr gibt, wird sie sich am Anfang mit dem neuen Möbel schwer tun. Für sie bedeutet ‚oben' ja nicht mehr ‚sicher'. Dann müssen Sie sie ermutigen, sie vielleicht einmal auf den Turm setzen, dort viel mit ihr schmusen, ihr zeigen, dass sie hoch darf – Sie müssen ihr das Sicherheitsgefühl erst wiedergeben.

1

▲ **Tierisch afrikanisch:** Katzen, die es sich auf diesem Turm bequem machen, sind fast nicht mehr zu sehen. Da passt eben alles zusammen. Wenn Sie afrikanische Stilelemente in Ihrer Wohnung oder den Kolonialstil mögen, wäre eine solche Variante vielleicht das Richtige für Sie. Für die Katzen ist sie es allemal, weil der verwendete Flanellvliesstoff besonders kuschelig und angenehm ist.

2

◂ **Black and White:** Lieben Sie die kühle Eleganz? Ganz in Schwarz-Weiß ist dieser Turm gestaltet. Klappern Sie einmal Möbelhäuser und Geschäfte mit Dingen für die Innendekoration ab. Sie werden staunen, was Sie dort alles für Ihren Katzenwohnturm entdecken können. Suchen Sie sich trotzdem Stoffe mit Kuschelfaktor aus, sonst wird es der Katze leicht zu kühl und sie sucht sich einen anderen Platz.

3

▸ **Sportlich, edel oder rustikal:** Gut zu dunklen Möbeln aus Holz oder zum Landhausstil passt auch ein Wohnturm aus einem Holzregal. Hier sind die Etagen schon da und Sie müssen Sie keine Hängematten einspannen. Bei der Auswahl der Kissen können Sie sich ganz von Ihrem Geschmack leiten lassen. In Pastellfarben werden Sie vor allem bei den Badezimmertextilien vielerlei entdecken können, oder Sie holen sich Anregungen in englischen Wohnzeitschriften. Dort lassen sich sämtliche Inneneinrichtungsrequisiten in passenden Farb- und Musterschemen aufeinander abgestimmt finden: ‚My home ist my castle', auch für gepflegte Katzen.

Gourmet-Tempel

Katzen gelten als Feinschmecker. Am liebsten hätten die meisten das Futter immer direkt aus Ihrer Hand und sehr oft gerade das, was Sie essen.

Pfoten sind gewaschen! Wann gibt's Essen?

Ihre Katze sieht in Ihnen eben ihre Mutter, liebt Ihre Nähe und erwartet Nahrung von Ihnen. Doch damit Ihre Katze Sie nicht bald völlig im Griff hat, machen Sie einen Kompromiss. Geben Sie ihr einen ‚Katzentisch' in erhöhter Position.

Meist erhalten Katzen ihr Futter in der Küche, denn dort lässt sich alles gut sauber halten. Reservieren Sie eine Ecke auf der Spüle oder einer anderen Ablage für die Mieze. So fühlt sie sich Ihnen näher. Der Vorteil für Sie ist, dass Sie sehen, wie gut und regelmäßig sie isst oder ob ihr eventuell etwas fehlt.

Vergessen Sie den Grastopf nicht. Grünzeug hilft Katzen, abgeschluckte Haare oder Unverdauliches wieder hervor zu würgen. Alle Grasarten, Grünlilie, Schnittlauch, Küchenkräuter und Katzenminze, ungespritzt selbstverständlich, dürfen Katzen beknabbern. Begrünen Sie ruhig Ihr Küchenfenster. Stellen Sie den Wassernapf für Ihre Katze dort auf, sonst trinkt sie vielleicht aus dem Blumenuntersetzer oder der Gießkanne.

Hübsche Näpfe

fürs Futter und Wasser gibt es in vielen Farben und Materialien und in allen Preisklassen im Tierzubehörhandel. Es muss aber nicht unbedingt spezielles Tiergeschirr sein. Alle Gefäße, die nicht zu tief, standfest, lebensmitteltauglich und gut zu reinigen sind, eignen sich auch für die Katze. Suchen Sie sich aus, was Ihnen gefällt und zu Ihrer Küche passt.

Auf dem Katzentisch

zu futtern, kommt dem Sicherheitsbedürfnis der Katze entgegen. Sie hat dort bessere Übersicht, kann ruhiger essen, ohne all zu oft einen Kontrollblick in die Runde werfen zu müssen und sie ist näher bei Ihnen. Vor allem, wenn noch ein Hund zum Haushalt gehört, ist der Katzentisch fast schon obligatorisch. Außerdem können Sie mit Ihrer Katze auf gleicher Höhe reden und sehen, wie es ihr geht. Wenn sie es mag, können Sie ihr beim Fressen gelegentlich so wie es Katzenmütter tun, über den Kopf streicheln.

Wenn es mehr sind

Werden die Katzen auf dem Fußboden gefüttert, sollten Sie darum herum besonders auf Sauberkeit achten und darauf, dass der Platz nicht in der Hauptdurchgangszone liegt. Auch Katzen brauchen eine gewisse Ruhe beim Fressen. Hektik und ständige Störungen nehmen ihnen das Gefühl, sicher zu sein. Auch Katzen können davon einen gereizten Magen bekommen.

Stille Örtchen

Das Gute an Katzen, verglichen mit vielen anderen unserer tierischen Lieblingen ist, dass sie aufs Kistchen gehen.
Dies entspringt natürlichen Verhaltensweisen, ist ihnen sozusagen in die Wiege gelegt. Schon im Babyalter mit etwa drei Wochen machen sie kleine Erkundungsausflüge vom Nest weg. Entdecken sie dabei ein flaches Kistchen mit etwas Streu, werden sie dort aus purem Vergnügen zuallererst eine völlig wilde Scharrerei veranstalten. Bald nutzen sie die Schale dann für ihr Bächlein und der Grundstein für die Stubenreinheit ist gelegt.

Sauberkeit und Grenzpfeiler

Große Geschäfte an den Reviergrenzen werden von Katzen, ob Leopard oder Mieze, nicht vergraben, wenn sie anderen als Zeichen dienen sollen. Wenn die Katze stark von sich eingenommen ist, sprich, anerkannt im Revier, wird sie sie sogar erhöht absetzen. Kater versprühen Urinmarken aus dem gleichen Grund an markanten Stellen und Kätzinnen scharren nicht zu. Im nahen Wohlfühlbereich, wenn sich die Katze vollständig sicher fühlt, ohne Notwendigkeit, irgendjemandem etwas mitzuteilen, wird sie aus hygienischen Gründen die Geschäfte zudecken. Also sollten wir die Umgebung für unsere Wohnungskatze so gestalten, dass sie zum absoluten Wohlfühlbereich wird, dann ist auch toilettentechnisch alles im Reinen. Die Standorte der Kistchen, mindestens zwei wegen der verschiedenen Informationswerte von ‚Groß-' und ‚Klein-Geschäft', besser mehrere, denn auch ein Revier in der zehnten Etage hat mehr als zwei reale und virtuelle Reviergrenzen für die Miez, sollten sich in den Randzonen in geschützter Lage befinden. Dann erfüllen sie sowohl die Bedingungen als Grenzpfeiler als auch die des sicheren Nahbereiches.
Darf die Katze in den Garten, beobachten Sie, wo sie öfter hingeht, dann schenken Sie ihr diese Stelle zum Graben. Pflanzen Sie dort nichts ein und halten Sie den Boden immer schön locker. Falls die Katze Erde liebt und drinnen auch in großen Blumentöpfen gräbt, können Sie den Topf mit Kaninchengitter abdecken, dies ist die

Toilettengeheimnisse

Benutzen Sie die Streu, die Ihre Katze am liebsten hat und in der sie gerne scharrt. Wenn sie klumpende mag, umso besser.

Streuen Sie so hoch ein, dass die Hinterlassenschaften versinken, ohne ganz auf den Boden durchzusickern. Dann tritt die Katze beim nächsten Besuch nicht hinein.

Geben Sie Ihrer Katze mindestens je ein Klo für die großen und die kleinen Geschäfte, dies kommt ihrem Markierungsverhalten entgegen.

Lassen Sie sich bei der Streuauswahl von Ihrer Katze beraten.

Pfoten beleidigende Art. Freundlicher und schöner sind mittelgroße, schwere Kieselsteine auf der Erdoberfläche.

Scharren gehört zum Geschäft

Damit es um die Katzentoiletten herum nicht knirscht und Sie nicht so oft saugen müssen, legen Sie eine Badematte unter der Katzentoilette. Die meisten Krümel, die die Katze aus dem Kistchen scharrt oder an den Pfoten heraustägt, bleiben darin hängen.
Solche Matten sind gerade richtig in der Größe, lassen sich gut waschen und in allen Farben, Mustern und Stilrichtungen passend zu Ihrem Ambiente kaufen.

Was kommt in die Kiste

Wie einladend die Toilette für Ihre Katze ist, hängt auch von der Einstreu ab, auf den sie sich begibt. Es gibt Katzenstreu aus Tonerde, Holz, anderem pflanzlichen Fasermaterial, mit mehr oder kaum Tendenz zu unangenehmer Geruchsbildung, grob- oder feinkörnig, teuer oder preisgünstig, staubig oder fast staubfrei, lose bleibend oder Klumpen bildend, leicht und schwer, kompostierbar oder nicht. Bevor Sie auswählen, weil Ihnen eine Streu von Konsistenz, Preis und Gewicht gefällt, fragen Sie Ihre Katze. Ganz im Ernst, kaufen Sie jeweils die kleinste Menge beispielsweise drei verschiedener Streus, füllen je eine frische Toilette damit und beobachten Sie Ihre Katze. Führen Sie die Versuchsreihe fort, indem Sie immer die beliebteste Streu beibehalten und die anderen beiden ersetzen, solange, bis Sie selbst auch damit zufrieden sind.

SMART

Tipps zur Streu

- **Weich** soll sie sein, denn Katzen haben sensible Pfoten.
- **Locker** mag die Katze sie auch, weil sie durch das Scharren ihre Sachen zudecken und gleichzeitig Duftspuren verteilen möchte.
- **Klumpen** bildende Streu hilft Ihnen, die Toilette leichter zu reinigen und ist sparsam: nur das Verbrauchte entfernen und ersetzen.

Katzenkistchen mal anders

Stiefkinder in Katzenwohnungen sind meistens die Toilettenschalen. Sie erleichtern uns aber die Katzenhaltung sehr, und für das Wohlbefinden unserer Stubentiger haben sie wichtige Bedeutungen. Warum also nicht das Beste daraus machen?

Sie haben die Wahl, wenn Sie im Zoogeschäft vor dem Katzentoilettensortiment stehen. Manche Toiletten sind recht trickreich gestaltet, teilweise mit Aktivkohlefiltern und mehr oder weniger praktisch in der Handhabung. Eigentlich sollten Sie etwas finden, das in Ihre Wohnung passt. Die Katze sollte bequem in der Toilette Platz haben, wenn Sie mehrere Katzen haben, auch mal zwei zugleich. Das Katzenkistchen soll tief sein, damit Sie viel Streu einfüllen können. Auch sollte der Rand hoch sein, denn nicht alle Katzen setzen sich tief. Ein Dach gibt vielen Katzen Sicherheit auf dem Örtchen, andere wollen lieber Rundumsicht während ihrer Tätigkeit, bei der sie nicht fliehen können.

Bewährt und preiswert sind offene Plastikwannen – für den größeren Katzenhaushalt sogar Mörtelwannen – oder Kunststoffstapelkisten aus dem Baumarkt. In der kleineren Ausführung mit niedrigerem Rand eignen sich diese gut für Katzenkinder.

◄ **Schicke Schalen:** Kunststoffstapelwannen eignen sich gut als Katzentoiletten. Sie werden in verschiedenen Größen und Höhen, undurchsichtig oder transparent in aktuellen Modefarben angeboten. Ein Trick, das Drumherum der Katzenkistchen ansehnlicher zu gestalten, sind kleine Badläufer. Sie können sie leicht ausschütteln, waschen und in Farben und Mustern nach Ihrem Geschmack auswählen.

▸ **Bitte mit Dach:** Überdachte Katzentoiletten sehen in der Wohnung meist besser aus. Beim Kauf sollten Sie darauf achten, dass die Innenkanten des Deckels nach innen über den Rand der unteren Wanne verlaufen, denn sonst kann Flüssigkeit nach außen sickern. Doch nicht alle Katzen mögen diese Hausklos und bei mehreren Katzen im Haushalt kann es vorkommen, dass eine unsicherere Katze von einer anderen im Häuschen ‚verhaftet' wird. Dann sollten die anderen Toiletten auf jeden Fall offen sein, damit die Katze den für sie sichersten Platz selbst aussuchen kann.

◂ **Stilles Eckchen:** Praktisch sind dreieckige Katzentoiletten, weil sie gut in eine Raumecke passen, eventuell sogar unter eine Ablage oder unter einem genügend großen Eckregal. Diese Katzentoiletten sind ebenfalls mit und ohne Dach und in verschiedenen Farben im Handel. Ein lustiger oder schicker Läufer davor sieht gut aus und erleichtert Ihnen die Arbeit mit der herausgeschleuderten Streu. Viele Katzen mögen solche Klos, weil sie ihnen automatisch durch ihre Form und den geschützten Standort in der Ecke mehr Schutz und Sicherheit bieten.

Unter freiem Himmel

Sonne und frische Luft

Ohne Sonnenlicht und frische Luft kann Ihre Katze nicht für immer gesund bleiben. Denken Sie deshalb darüber nach, wie Sie Ihrem Stubentiger in Ihrer Wohnung Zugang zu diesen lebenswichtigen Elementen geben können.

Fenster und Balkon

Der Mineralstoffhaushalt, das Immunsystem, ja der ganze Stoffwechsel Ihrer Katze braucht ungefiltertes Licht, um gut arbeiten zu können. Der andere Punkt ist, dass die Sinne Ihrer Katze nur dann intakt bleiben können, wenn sie mit Düften, sich bewegenden Dingen und dem direkten Gefühl der Natur Kontakt haben.

- **Wenn Sie** in einer Wohnung ohne Balkon oder Veranda wohnen, müssen Sie mindestens ein Fenster mit einem Hängebalkon oder Netzen katzensicher machen. Dies ist das Allerwenigste, das Sie Ihrer Katze bieten müssen.
- **Haben Sie** einen Balkon, sieht die Sache für Ihre Katze schon besser aus. Auch dieser muss unbedingt abgesichert werden.
- **Klar, Katzen** sind Meister im Abschätzen von Höhen. Dabei beeindrucken Hochparterre oder erster Stock sie noch wenig. Diese Höhe bedeutet für sie nur eine einfache Berechnung ihrer Körperbewegungen, sodass sie unten wieder auf den Füßen landen. Genügend Katzen sind schon aus dieser Höhe mal so nebenbei hinunter gesprungen. Meist passiert ihnen auch nichts, außer dass sie dann weg, in unbekanntem Terrain unterwegs sind – und Sie sich Gedanken machen.
- **Und glauben** Sie bitte auch nicht, Katzen würden die Höhe mit einkalkulieren, wenn sie in Luftsprüngen auf dem Balkongeländer hinter einer Motte her sind. Hierbei verschätzen sich Katzen schnell. Sie sind auf etwas anderes konzentriert und können dann leicht verunglücken.

Dort draußen gibt es immer Spannendes zu beobachten.

Was Sie tun können

Mit den im Handel erhältlichen Netzen oder Gittern können Sie praktisch jedes Fenster und jeden Balkon katzensicher machen. Damit es auch schön anzusehen ist, genügen meist einige Pflanzen oder eine kleine Spielwiese im Balkonkasten. Es gibt auch farbige Netze, die sie gut mit Ihren Balkonmöbeln kombinieren können. Allerdings sind diese eher in Gartencentern beim Zubehör zu stilvollen Gestaltung von Garten, Terrasse und Partyraum oder im Fischereizubehör zu finden. Achten Sie darauf, dass die Maschengröße nicht über 4 mal 4 cm liegt, denn sonst könnte Ihre Katze mit dem Kopf darin hängen bleiben.

Eine relativ offene Gestaltung des Balkons mit Blick nach unten unterstützt die Katze bei der Einschätzung, wie hoch sie eigentlich wohnt.

Stellen Sie auf dem Balkon einen Kratzbaum mit einer hohen Plattform auf. Befestigen Sie daran einen alten Ast oder ein großes Rindenstück, damit Stubentiger etwas für die Krallen hat. Wenn es nicht zu kalt ist, gehen viele Katzen auch bei Regen gern auf den Balkon. Wenn Sie Ihrer Mieze eine überdachte Stelle bieten können, umso besser.

Ideal ist es, wenn Sie Ihren Balkon soweit absichern, dass Sie die Tür an schönen Tagen offen lassen können, wenn sie außer Haus sind. Dann kann die Katze hinaus gehen, wann sie möchte.

So kann nichts passieren und trotzdem ist es der Katze möglich, die frische Luft und Sonne zu genießen.

SMART

Katzenaussichtsplattform für den Balkon

- **Kaufen Sie ein** dreibeiniges Gestell aus Birkenholz, wie Sie es für Vogelhäuser im Herbst in den Baumärkten bekommen.
- **Schrauben Sie** oben an Stelle des Futterhauses eine Katzenplattform aus einem Holzbrett oder einem flachen Weidenkorb.
- **Als Kletterhilfe** umwickeln Sie ein Bein des Gestells mit Seil.

Alles im grünen Bereich

Eine lebendige Pflanzenwelt lieben Katzen von Natur aus. Bereichern Sie die Wohnungslandschaft für Ihren Zimmertiger durch wirklich große, baumartige Pflanzen wie einen Hibiskus oder Drachenbaum. Wenn der Stamm stark genug ist, darf die Katze sogar daran klettern. Oder Sie integrieren eine Plattform innerhalb des Blätterdachs.

Schicke Höhle zum Dösen *im Freien: ein mexikanischer Feuerofen.*

Minidschungel in der Wohnung

Innerhalb der Wohnung besitzt Ihre glückliche Katze nun bereits einige Fensterplätze zum Hinausschauen, sich von der Heizung wärmen oder von der Sonne bescheinen zu lassen.

- **Diese Fenstersimse** müssen aber deshalb nicht von allen Zimmerpflanzen frei geräumt zu werden. Im Gegenteil, Pflanzen geben Ihrer Katze das richtige Dschungelfeeling.
- **Günstig für die** Luftfeuchtigkeit im Raum sind eine Wasserschale oder ein Zimmerspringbrunnen. Die Pflanzen und Sie selbst profitieren davon. Außerdem finden viele Katzen das sich bewegende Wasser eines Brunnens spannend, versuchen, es mit den Pfoten zu fangen und trinken es gerne.
- **Ein Topf mit Gras,** Miniaturbambuspflanzen, die oft speziell auch für Katzen angeboten werden, oder Papyrus dürfen neben Küchenkräutern die kleine Wildnis für Ihre Mieze an den Fenstern vervollständigen.

Mehr Minidschungel auf dem Balkon

Mehr grüne Wildnis ist auf dem Balkon oder der Terrasse möglich. Nutzen Sie die großen, breiten Blumenkästen, die auf vielen Balkonen bereits durch die Architektur des Hauses vorhanden sind, als grüne Wiese, Duftkräutergärtlein und Miniaturwald für Ihre Katze. Gibt es diese Möglichkeit bei Ihnen nicht, bepflanzen Sie selbst Balkonkästen oder große Kübel. Holzkästen mit integrierter Gitterwand für Rankpflanzen oder die so genannten Pflanzentreppen, die es in gerader oder in eckiger Form gibt, bieten Platz für vielerlei verschiedene Pflanzen auf verschiedenen Ebenen. Sie verschönern Ihren Balkon oder Ihre Terrasse und die Anordnung der Pflanzen machen sie auch für Ihren Stubentiger attraktiv. Ein ordentlicher Ast mit Rinde inmitten des kleinen grünen Bereiches sollte nicht fehlen, die Katze wird ihn für ihre Krallen schätzen.

Warme Steine in der Sonne verführen zu einem Nickerchen.

Miniwüste

Einen besonderen Gefallen tun Sie Ihrer Katze, wenn Sie ihr in der kleinen Wildnis einen Sonnenplatz in Form eines Lehmhügels oder einer flachen Steinplatte zur Verfügung stellen, die sich schnell aufwärmen. Schattenplätze dagegen bieten Sie ihr, indem Sie niedriges Gebüsch wie Ginster oder Cotoneaster einpflanzen, unter denen sich Mieze einrollen kann.

SMART

Es darf auch Stein sein

- **Hohlsteine** für Abgrenzungen oder bepflanzbare Wände aus dem Gartencenter eignen sich für eine Katzenlandschaft auf Balkon oder Terrasse.
- **Sie sind in** in verschiedenen Formen, viereckig, halbrund oder oval und in verschiedenen Farben erhältlich.
- **Treppenartig angeordnet** und hochkant aufgestellt, lassen sich die Steine bepflanzen. Liegend lassen sie sich als Durchschlupfe, Verstecke oder Schlafhöhlen einsetzen.

Katzen nehmen gelegentlich ein Staubbad, wenn sie Gelegenheit dazu haben. Es tut ihrem Fell gut und würde Hautparasiten fernhalten, lebten sie in freier Natur. Beobachten Sie Ihren Stubentiger einmal dabei, wie er sich auf Ihren staubigen Terrassenplatten hin und her wälzt, können Sie das pure Vergnügen aus seinem Gesicht blitzen sehen. Kehren Sie also die Steinplatten Ihres Balkones oder Ihrer Terrasse nicht allzu oft. Ein paar Stäubchen für die Katze dürfen ruhig einmal liegen bleiben.

Die kleine Freiheit – ein Katzengarten

Stellen Sie sich vor, Ihr Stubentiger könnte mit Ihnen zusammen das Gartenglück genießen. Die einzige Voraussetzung dafür ist, den Garten so abzusichern und zu gestalten, dass ein für die Katze geschütztes und für Mensch und Tier angenehmes Ambiente entsteht.

Das Zentrum eines Katzengartens: der Obstbaum.

Das große Thema: Absichern

Der Bereich Ihres Gartens, den Sie mit Ihrer Katze nutzen möchten, sollte von der Größe überschaubar sein. Überlegen Sie sich, wo Ihre Lieblingsplätze sind, wo Ihr Katzengarten entstehen soll und informieren Sie sich über Vor- und Nachteile der verschiedenen Möglichkeiten der Einzäunung.

- **Einen kleineren Garten** können Sie ganz mit Katzennetzen bis auf eine Höhe von etwa zwei Metern umgeben. Solche Netze sind kaum sichtbar und lassen sich mit lichten Rankpflanzen kaschieren.
- **Im Prinzip** stellen Netze für Katzen kein echtes Hindernis dar. Sie bilden aber eine psychologische Barriere, denn wenn die Katze hinein klettert, schwingen sie und verunsichern unseren Kletterkünstler.
- **An einem Maschendrahtzaun** klettert eine Katze wie am Baumstamm hoch. Deshalb muss bei dieser Absicherungsmethode oben etwa ein halber Meter Zaun schräg nach innen geneigt angesetzt werden.
- **Eine mobile Gartenaufteilung** ist mit einer Elektroeinzäunung möglich, die es speziell für Katzen gibt.
- **Sehr schön** können große Vogelvolieren aussehen, wenn sie an einen Wintergarten oder über eine große Terrasse gebaut werden.

Landschaft en miniature

Natürliche Gegebenheiten wie Bäume, Mauern, das Gartenhaus, ein Wasserteich, Naturgehölze, Rasen und Beete sollten Sie in die Gestaltung des Katzengartens mit einbeziehen. Denken Sie dabei an eine vielseitige Landschaft für Ihren Stubentiger. Wege zum Patrouillieren, Ausblicke und Plätze zum Verweilen auf verschiedenen Höhen sowie ein ordentlicher Baum sorgen dafür, dass die Katze draußen genügend Abenteuer erleben kann.

Lebendiges im Garten

Wenn es dahinter tief hinunter geht, genügt schon ein kleines Netz.

Schmetterlinge jagen, Mäusen auflauern, Vögel beobachten, all dies kann Ihre Katze, wenn Sie Ihren Garten nicht überpeinlich sauber halten.

Steinmauern, die sich selbst überlassen werden, beherbergen nach einiger Zeit Mäuse und Eidechsen. Blühende Stauden und Sträucher locken Schmetterlinge, andere Insekten und Vögel an, ebenso wie ein flacher, begrünter Teich.

Pflanzen Sie verschiedenerlei Grasarten und Kräuter wie Katzenminze, Oregano, Thymian. Lassen Sie Ihrer Katze auch Stellen mit loser, offener Erde, die sich in der Sonne schnell aufwärmen. Sie wird dort vielleicht ein Sand- oder Sonnenbad nehmen. Oder aber sie wird buddeln und diese Stelle als Freilandtoilette benutzen, wenn sie am Rand des Gartens, benachbart zu anderen Katzenrevieren liegt.

SMART

Gartensicherheitscheck

- **Decken Sie** Regenfässer und tiefere Wasserbereiche immer ab.
- **Räumen Sie** Restholzstapel aus verzweigten Astabschitten weg. Die Katze könnte darin hängen bleiben.
- **Achten Sie** darauf, dass Zwischenräume unter Zäunen oder Abtrennungen so eng sind, dass die Katze überhaupt nicht durchpasst oder so weit, dass sie gut durchschlüpfen kann.

Wildnisinseln für die Katze

Entsprechend ihrem Raumverständnis wird Ihre Katze auch ein kleines Freiluftrevier gerne nutzen. Sie wird ihre Routinegrenzgänge machen und ihre Duftbotschaften an den passenden Stellen unterbringen.

Für eine abwechslungsreiche Welt im Kleinen sollten Sie Ihrer Mieze vier besonders katzentypische Plätze einrichten – die Wildnisinseln: einen Sand- oder Lehmhügel, offene Erde, das Heubett und das Grasland.
Diese lassen sich sowohl im Garten, als auch auf einem geräumigen Balkon zur Verfügung stellen. Der Balkon sollte allerdings entweder über einen breiten, bepflanzten Blumenkasten oder genügend Fläche verfügen. Dort können Sie große Wannen oder Pflanzkübel aufstellen, in denen Sie die vier verschiedenen Inseltypen einrichten. Im Garten können Sie die Inseln nach Ihrem eigenen Geschmack in die Gesamtgestaltung einpassen. Trotzdem lohnt es sich, die Katze zuerst einmal eine Weile im Garten zu beobachten, denn es kann sein, dass sie Ihnen Hinweise gibt, wo sie sich etwa gerne in die Sonne legt, buddelt und sich hinbegibt, um Ausschau zu halten.

◂ **Den Geparden** in Afrika abgeschaut, der Sand- oder Lehmhügel. Katzen sitzen sehr gerne auf einem kleinen Berg festgebackener Erde oder nicht zu grobem Gestein. Sie überblicken dabei ihre nähere Umgebung und genießen offensichtlich die Wärme, die vom Gestein oder der Erde gespeichert wird. Am einfachsten verwenden Sie für den Katzenhügel feuchten Lehm oder Sand, der sich beim Trocknen verfestigt. Sie können einen solchen Hügel im Garten oder im Kübel auf der Terrasse für Ihre Katze bauen.

◂ **Das Plätzchen** mit offener Erde kann in einem Randbereich des Gartens angelegt werden. In eine Mulde im Erdboden füllen Sie ein Gemisch aus Sand und Humus oder Erde, die nicht zusammenbackt, denn diese Stelle sollte möglichst immer locker bleiben. Wenn die Katze dort Toilettenarbeiten erledigt, sollten Sie das Gemisch immer wieder teilweise austauschen und den verbrauchten Teil kompostieren.

▸ **Im Garten** trocknen Sie den Grasschnitt ausgebreitet in der Sonne, bevor Sie ihn als Heubett in eine Erdmulde schichten. Für ein Heubett auf der Terrasse eignet sich eine flache Terracottaschale, die Sie dick mit frischem, duftendem Kaninchenheu aus dem Zoofachhandel auspolstern.

▴ **Gras lieben Katzen** nicht nur zum Knabbern. Sie liegen gerne auf dem Rasen. Ist das Gras richtig hoch, leicht umgebogen und fest, entstehen darunter schattige Verstecke oder raschelndes Buschwerk zum Spielen. Pflanzen Sie einzelne Ziergräser wie beispielsweise die Riesensegge, denn sie erfüllt diese Bedingungen.

Garten-kletter-turm

Eine Bereicherung für Ihre Katze im Garten ist eine Kletter- und Aussichtsglegenheit – und nicht schwer zu bauen.

Viele Zoologische Gärten mit Großkatzen haben in den vergangenen Jahren mehr über die natürlichen Bedürfnisse dieser Tiere nachgedacht. Meist haben die traditionellen Zoos wenig Platz und Käfighaltung ist nicht mehr zu verantworten. So geht es vor allem um die Frage, wie das Leben dieser Tiere auf verschiedene Weisen bereichert werden kann. Neben den Möglichkeiten, die Tiere längere Zeit mit dem Futter zu beschäftigen, wurden auch die Gehege räumlich stärker strukturiert. So erhielten Löwen und Tiger erhöhte Plattformen in den Gehegen, die Geparden unter anderem Sand- und Steinhügel sowie ‚Playtrees', um daran ihre Krallen wetzen und Duftspuren hinterlassen zu können. Achten Sie einmal bei Ihrem nächsten Zoobesuch darauf.
Für unsere Katzen mit dem Tiger im Herzen können wir uns davon etwas abschauen. Bauen Sie Ihrer Katzen ein Aussichtshaus im Garten.

Stabile Basis

Schritt 1

▸ Hauptsäule: Wichtig beim einem solchen Aussichtshaus ist, dass der zentrale Stamm stabil im Boden verankert wird. Sie brauchen einen Holzpfahl von etwa eineinhalb bis zwei Meter Höhe. Diesen können Sie mit einer mittellangen Einschlagshülse für Zaunpfähle aus dem Baumarkt verankern, wenn der Erdboden lehmig und schwer ist, andernfalls betonieren Sie den Pfahl ein.

▸ Nebensäulen: Dem Stil Ihrer Gartengestaltung entsprechend, lehnen Sie nun weitere, fertig gekaufte Holzpfähle, starke und raue Äste oder natürliche Stämme schräg an den zentralen Pfosten. Schlagen Sie diese in den Boden oder halten Sie sie mit schweren Steinen an Ort und Stelle. Oben am Zentralstamm verschrauben Sie sie entweder oder binden sie dort mit Seil fest.

Aufbauten

Schritt 2

▸ Kletterhilfen: Die verschiedenen Anbaupfähle sollten bekletterbar sein. Dazu können Sie glatte Bereiche mit Seil umwickeln, oder Rinden- beziehungsweise lange Korkstücke, wie Sie sie für die Terrarienausgestaltung kaufen können, an den Auf- und Abstiegen befestigen. Am besten, Sie verwenden dazu von vornherein beim Baumschnitt anfallende Äste mit natürlicher Rinde.

▸ Ganz oben: Als Unterlage für den Spitzenplatz können Sie ein Holzbrett jeglicher Form verwenden. Es sollte jedoch von der Größe so gewählt sein, dass die Katze über die Aufstiege gut auf den Aussichtsplatz klettern kann. Verschrauben Sie das Brett fest mit dem zentralen Pfosten. Auf dieser Plattform installieren Sie nun den endgültigen Aussichtsplatz für Ihre Katze.

Der Aussichtsplatz

Schritt 3

▸ Storchennest: Ein runder Weidenkorb, oben auf der Plattform befestigt, wird innen mit einer Kunstgrasmatte ausgelegt. Gelassene Katzen rollen sich dort schon einmal für ein Nickerchen ein. Andere Möglichkeiten, den Aussichtsturm zu gestalten, bieten Holzkästen mit offenen Seiten. Jedenfalls sollten Sie den Spitzenplatz sicher und stabil konstruieren.

▸ Variationen: Für die Katze spielt es keine Rolle, ob Sie einen solchen Turm aus gewachsenen Materialien oder unschädlich behandelten, farbigen Holzteilen bauen. Verändern Sie den Aufbau von Zeit zu Zeit, bauen Sie einen Durchschlupf in Form einer Korkröhre an oder richten Sie mit einem schrägen Ast einen neuen Aufgang ein. Ihre Katze findet solche Veränderungen interessant.

Die ganz große Freiheit

Um eine Tatsache kommen Sie als Katzenfreund nicht herum: Selbst wenn Sie Ihrer Wohnungskatze alles bieten, damit sie sich, soweit es nur irgend möglich ist, wohl fühlen kann, so ist der freie Auslauf immer noch mehr nach ihrem Herzen und ihrer wirklichen Art.

Denn Sie wissen nicht, was sie tut

Beim Freilauf geht Ihre Katze wirklich ihrer eigenen Wege. Sie wird mit Vorliebe nachts draußen sein, morgens heim kommen, ihre Schüssel leer futtern, sich in Ihrem Bett aufrollen und für den Tag verabschieden. Am Nachmittag wird sie ihre Glieder strecken, Ihnen eine Weile Gesellschaft leisten und dann wieder ihren nächtlichen Tag beginnen. Was Ihre Katze draußen tut, werden Sie kaum herausfinden. Selbst Wissenschaftler verloren die Katzen bei Freilandstudien die meiste Zeit aus den Augen. Vielleicht ist es auch besser, Sie wissen nicht, wann sich Mieze bei Nachbars ihr Schnitzel abholt, waghalsig über Dächer klettert oder ein paar Vögel ärgert. Wann sie mit anderen Katzen in handgreifliche Revierdebatten verwickelt war, erahnen Sie, wenn sie mit zerfetzten Ohren nach Hause kommt.
Die Kontrolle ihrer Revierwelt ist eine der ernsthaften Tätigkeiten der Katzen. Ebenso wie das Liebesleben und die Jagd. Jede Maus, die Ihre Katze Ihnen nach Hause mitbringt, ist ein Kompliment an Sie: „Es geht mir gut und ich bin fit genug, dich mit zu versorgen." Hier übernimmt sie zur Abwechslung einmal die Rolle der Katzenmama.

Risikoabwägung

Bevor Sie Ihre Katze frei laufen lassen, sollten Sie sich einige Gedanken über die Voraussetzungen dafür machen.

- **Wohnen Sie** in einem der oberen Stockwerke eines hohen Wohnhauses, sind die Bedingungen für Freilauf von vornherein nicht ideal. Der Weg nach unten und zurück ist weit, die Umgebung lebhaft, bebaut und mit viel Straßenverkehr.
- **Wohnen Sie** dagegen ruhig, mit Gärten und Grünzonen

So schützen Sie Ihre frei laufende Katze am besten

Sorgen Sie für einen guten Impfschutz gegen die schlimmsten ansteckenden Krankheiten.

Regelmäßiges Entwurmen muss unbedingt sein, denn draußen steigt das Risiko des Parasitenbefalls.

Gekennzeichnet mit einer Tätowiernummer und/oder einem Mikrochip ist ihre Katze nicht mehr ‚irgend ein Streuner'.

Lange Abwesenheiten und unerwünschten Nachwuchs verhindern Sie durch Kastration von Kater und Kätzin.

In der Tanne am Waldrand macht die Katze der Eule Konkurrenz.

in der Umgebung, besteht für die Katze beim Freilauf geringes Risiko.

▸ Können Sie sie nachts hinaus lassen, herrscht weniger Straßenverkehr und die Katze ist von Natur aus in ihrem Element.

Keine ist wie die andere

Ob Sie sie hinaus lassen können, hängt sehr stark von der Persönlichkeit Ihrer Mieze ab. Es gibt Katzen, die ein reines Wohnungsleben überhaupt nicht aushalten können und Ihnen dies auch ohne Wenn und Aber klar machen. Selbstbewusste und

SMART

Automatische Türöffner

- **Der Einbau** einer Katzenklappe mit verschieden einstellbaren Öffnungsvarianten ist bei Freigängerkatzen äußerst nützlich.
- **Die Katze klingelt:** eine im Tierzubehörhandel erhältliche, mit einer Elektronik ausgestattete Fußmatte löst im Haus einen Klingelton aus, wenn die Katze vor der Tür darauf tritt.

aktive Katzen werden immer wieder den Versuch machen, die Freiheit zu erkunden.

Ältere und eher zurückhaltende Katzen gehen erfahrungsgemäß weniger lange und weniger weit weg. Anderen Stubentigern ist die Ersatzmama ‚Mensch' wichtiger als die Gelegenheit, hinauszugehen. Sie besitzen geringere Bedürfnisse, was der Größe des persönlichen Wohlfühlbereiches betrifft. Solche Katzen kommen gut mit abgesichertem Balkon, Terrasse oder Garten zurecht, denn sie sind keine extremen Freigeister. Doch kaum eine Katze, auch die zufriedenste Wohnungskatze, wird Spaziergänge draußen komplett verweigern. ●

Damit nichts passiert

Egal, ob Mieze in der Wohnung, auf dem Balkon, im Garten oder ganz frei stromern darf, ganz ohne Gefahren ist das Leben nirgendwo. Doch vor manchem Risiko können Sie sie bewahren.

Hier sind Sie gefragt

Katzen stecken ihren Kopf gerne überall hinein. Ein Instinkt, der sie retten kann, wird ihr oft auch zum Verhängnis. Sie wird, wenn sie sich verfangen hat, Kopf oder Körperteil immer und ohne Ausnahme rückwärts ziehen und winden. Denken Sie daran: Kippfenster, lose, lange Schnüre, Seile, Telefonkabel, Lichterketten, Wollknäuel, ein Stapel dickerer Zweige im Garten, Bäume mit eng gegabelten Ästen, Katzennetze mit zu großen Maschen, alles eignet sich dazu, die Katze in eine schlimme Klemme zu bringen. Sichern Sie Fenster und räumen Sie die anderen Risiken aus dem Weg.

Je mehr Menschen in Ihrer Umgebung wissen, dass Sie Ihre Katze vermissen, desto besser die Chancen, sie wiederzubekommen.

- **Ihre Vorliebe** für dunkle Räume, Höhlen und Ritzen lässt die Katze in Waschmaschinen, Schubladen, Schränken, Schuppen, Schächten, Keller- oder Garagenfenstern verschwinden, in denen sie entweder unbeabsichtigt eingesperrt wird, oder sie kommt von sich aus nicht mehr heraus, weil die Öffnung hoch oben ist und sie nicht mehr dran kommt. Decken Sie gefährliche Öffnungen ab und achten Sie auf Ihre Katze, wenn Sie Schubladen oder Türen schließen.
- **Nasse Oberflächen** können auch Katzen ins Rutschen bringen. Eine volle Badewanne, ein offenes Regenfass oder ein tiefer Teich sind gefährlich, wenn die Katze keine Ausstiegsmöglichkeit hat.
- **Verwahren Sie** Medikamente, Putzmittel, Pflanzenschutzmittel, Chemikalien, Öle und Farben so, dass Ihre Katze nicht versehentlich damit in Kontakt kommt. Sie wird sich diese Stoffe aus dem Fell zu lecken versuchen und könnte sich dabei vergiften.

Wenn die Katze fehlt

Selbst innerhalb der Wohnung kann eine Katze schon einmal spurlos verschwinden. Wenn Sie sie nicht finden können, überlegen Sie sich zuerst, welche dunklen Plätze es bei Ihnen gibt. Schauen Sie dort nach. Haben Sie Schränke, Bettkästen, Truhen, Kisten oder andere ‚Verstecke' geöffnet, die Ihre Katze dazu verführt haben könnten, hinein zu schauen? Zum Glück kommt sie meist nach einiger Zeit von selbst wieder zum Vorschein oder meldet sich. Wenn Sie Ihren Freigänger vermissen, ist das Schlimmste die Ungewissheit. Nicht zu wissen, ob er nur strolcht, weil er ein großes Revier hat, oder eingesperrt, verunglückt ist oder mitgenommen wurde, ist sehr beunruhigend. Je nachdem, wieviel länger als üblich Ihre Katze weg ist, sollten Sie sich bei Polizei, Tierheim, Tierärzten und in der ganzen Nachbarschaft erkundigen. Wenn Sie mit Ihrer Katze umgezogen sind, könnte es sein, dass sie in Richtung ehemaliges Zuhause zurückläuft. Verständigen Sie dann dort auch Ihre früheren Nachbarn.

SMART

Immer mit Erkennungszeichen

- **Frei laufende Katzen** sollten Sie tätowieren oder mit Mikrochip versehen lassen, dann können sie leichter wieder ihren Besitzern zugeordnet werden.
- **Ein elastisches Halsband** mit Telefonnummer oder Adresse erfüllt diesen Zweck ebenso, ist aber weniger sicher.
- **Freundliche Nachbarn,** die wissen, wie Ihre Katze aussieht, können Ihnen Hinweise geben, falls sie fehlen sollte.
- **Tierärzte, Zeitungsausträger** und die Straßenreinigung in der Gegend kennen viele Tiere und wissen oft zuerst, wenn eine Katze vermisst oder gefunden wird.

Es ist jedesmal gut, wenn die Mieze wieder heimgekommen ist.

Infoecke

Literatur

- **Birgit Gollmann: Katzen.** Verlag Eugen Ulmer, Stuttgart 2005.
- **Paul Leyhausen: Katzen.** Eine Verhaltenskunde. 6. Auflage. Verlag Paul Parey, Berlin und Hamburg 1982.
- **Jean Pütz, Ellen Norten: Das Hobbythek-Katzenbuch.** vgs Verlagsgesellschaft, Köln 1997.
- **Rosemarie Schär. Die Hauskatze.** Verlag Eugen Ulmer, Stuttgart 2003.
- **Roger Tabor: Die Sprache der Katze.** Verlag Eugen Ulmer, Stuttgart 2006.
- **Dennis Turner, Patrick Bateson (Hrsg.): Die domestizierte Katze.** Albert Müller Verlag, Rüschlikon-Zürich. Stuttgart, Wien 1988.
- **Bob Walker: A Cats´ House.** Andrews and McMeel, Kansas City, USA 1996.

Making Of

- **Die Autorin** Dr. Eva-Maria Götz ist Biologin, hat 20 Jahre lang Katzen gezüchtet und zahlreiche Artikel und Bücher zum Thema Katzen verfasst.
- **Die Fotografin** Regina Kuhn ist freischaffende Fotodesignerin und Autorin mit jahrelanger Erfahrung in der Tierfotografie.

- **Der Verlag und die Fotografin** danken für die freundliche Unterstützung bei den Fotoaufnahmen Bernd Garbrecht und Rana, Carla Cronauer und Paula, Claudia Ade und Nessi, Traude Stäbler und Garfield. Ebenso Kerstin Hasse-Schieder, inTIERIOR-Versand, Potsdam

Bildquellen

Ulrike Fabian: Seite 11, 12, 18, 28, 32, 33, 46, 64
Eva-Maria Götz: Seite 4, 6, 8, 10, 13, 15, 26, 27 (2), 31, 34, 37 rechts, 39 unten, 48, 49, 50, 52, 53 oben und links, 54, 55 (2), 58
IPO: Seite 47
Juniors/Schanz, U.: Seite 20
Regina Kuhn: Umschlagfoto und Seite 3, 9, 16, 17, 21 (3), 22, 29, 35 (2), 36, 37 links, 39 oben und Mitte, 41, 42, 43 (2), 51, 53 Mitte, 57, 59, 65 (4)
Nicola Mielke: Seite 5
Ulrike Schanz: Seite 44
Waldhäusl/ Bartussek, I.: Seite 38
Waldhäusl/Wegner, P.: Seite 19, 24, 25

Herstellernachweis

- **Fressnapf**
- **Gimpet**
- **Heimtierland Stuttgart**
- **Ikea**
- **Intierior**
- **Kölle-Zoo**
- **Obi**
- **Pussy-Versand**
- **Trixie Heimtierbedarf**

Impressum

Bibliografische Information der Deutschen Bibliothek
Die Deutsche Bibliothek verzeichnet diese Publikation in der Deutschen Nationalbibliografie; detaillierte bibliografische Daten sind im Internet über http://dnb.ddb.de abrufbar.

Wollgrasweg 41,
70599 Stuttgart
E-Mail: info@ulmer.de
Internet: www.ulmer.de

Lektorat: Silke Behling
Umschlag- und Innengestaltung: X-Design, München
DTP: juhu media, Susanne Dölz, Bad Vilbel
Druck und Bindung: Litotipografia-editrice Alcione, Trento
Printed in Italy

ISBN 13: 978-3-8001-4967-4
ISBN 10: 3-8001-4967-2

Internet

- **www.cat-interiors.de** (tolle Schlafplätze)
- **www.intierior.de**
- **www.katzenbaum.ch** (sehr exklusiv)
- **www.kratzbaum-city.de** (baut ganze Zimmer aus)
- **www.profeline.de**
- **www.tatzaan-katzenkletterbaeume.de**

(Hinweis: Der Verlag Eugen Ulmer ist nicht für den Inhalt von Links verantwortlich)

Haftung

Für Ihr Heimtier tragen Sie selbst die Verantwortung. Die in diesem Buch enthaltenen Empfehlungen und Angaben sind vom Autor mit großer Sorgfalt zusammengestellt und geprüft worden. Eine Garantie für die Richtigkeit der Angaben kann aber nicht gegeben werden. Der Autor und der Verlag übernehmen keinerlei Haftung für Schäden und Unfälle.

Register

SPEZIAL

Kluge Tipps für SMART-KIDS

Extras für die Katz

Katzen mögen, wenn man mit ihnen spielt. Sie angeln und jagen gerne kleine Dinge und verstecken sich am liebsten dabei. Damit es deiner Katze nicht langweilig wird, gibt es hier ein paar Ideen, die du nachmachen kannst.

Besonders toll finden Katzen Spiele, die schwierig sind. Zum Beispiel, wenn das Spielzeug irgendwo verschwindet und woanders wieder zum Vorschein kommt. Dazu kannst du ihr leicht eine Teppichröhre basteln und dann an einem Faden das Spielzeug immer wieder anders durchziehen. Vergiss aber nie, dass die Katze Krallen hat und auch gerne mal richtig wild spielt. Und wenn sie nicht mehr möchte, solltest du sie in Ruhe lassen, denn sie ist für schnelle, kurze Aktionen gemacht und kein Ausdauersportler. Dafür macht sie meist kurze Pausen und so wirst du gar nicht lange warten müssen, bis deine Katze wieder Lust zum Spielen hat.